하브루타
질문 육아

하브루타 질문 육아

발행일	2020년 5월 22일		
지은이	김진성		
펴낸이	손형국		
펴낸곳	(주)북랩		
편집인	선일영	편집	강대건, 최예은, 최승헌, 김경무, 이예지
디자인	이현수, 한수희, 김민하, 김윤주, 허지혜	제작	박기성, 황동현, 구성우, 장홍석
마케팅	김회란, 박진관, 장은별		
출판등록	2004. 12. 1(제2012-000051호)		
주소	서울특별시 금천구 가산디지털 1로 168, 우림라이온스밸리 B동 B113~114호, C동 B101호		
홈페이지	www.book.co.kr		
전화번호	(02)2026-5777	팩스	(02)2026-5747

ISBN   979-11-6539-218-5 03590 (종이책)   979-11-6539-219-2 05590 (전자책)

이 도서의 국립중앙도서관 출판예정도서목록(CIP)은 서지정보유통지원시스템 홈페이지(http://seoji.nl.go.kr)와
국가자료공동목록시스템(http://www.nl.go.kr/kolisnet)에서 이용하실 수 있습니다.
(CIP제어번호: 2020020388)

(주)북랩 성공출판의 파트너

북랩 홈페이지와 패밀리 사이트에서 다양한 출판 솔루션을 만나 보세요!

홈페이지 book.co.kr   •   **블로그** blog.naver.com/essaybook   •   **출판문의** book@book.co.kr

하브루타 질문 육아

김진성 지음

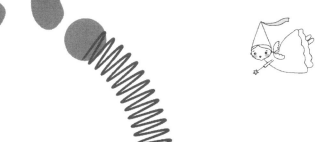

북랩 book Lab

prologue

이야기를 시작하다

우리 아이들이 잠들기 전에 자주 이야기를 해 주었습니다. 처음에는 그저 옛날이야기로 시작하다가

어느새 아이들과 함께 갔던 여행지 이야기, 제가 가 보았던 재미난 곳에 관한 이야기 등을 했었지요. 그러다가 소재가 동이 나자 이야기를 만들기 시작했습니다.

항상 이야기의 주인공은 오토와 벨라였습니다. 로봇을 좋아하는 아들을 위해서 오토매틱에서 따온 오토라는 남자아이를 만들었고, 공주를 좋아하는 딸을 위해서 벨라를 만들었습니다. 오토와 벨라는 왕자도 되고 공주도 됩니다. 다른 이야기에서는 장난꾸러기 소년도 되고 정령 술사도 되지요. 아빠가 만드는 이야기라서 아빠 마음대로였습니다.

이야기를 만들다가 어느 날 번뜩 생각이 났습니다. '내가 살면서 경험하고 느꼈던 것들을 우리 아이들에게 전달할 방법이 없을까?' 그래서 책을 쓰기 시작했습니다. 아빠가 살면서 아이들에게 하고 싶은 이야기를 아이들 눈높이에서 이야기해 주고 싶었기 때문이죠.

왜 이야기를 해 주어야 할까?

두 가지 이유가 있습니다.

첫 번째는 아이가 중학생이 되더라도, 듣는 이해력이 읽는 이해력보다 높습니다. 전문가들에 따르면 아이의 듣기와 읽기가 같아지는 시기는 14살 정도라고 합니다. 따라서 초등학생까지는 부모가 주기적으로 책을 읽어 주어 아이의 이야기에 대한 이해도를 높여 주는 것이 좋습니다.

두 번째 이유는 애착 형성의 가장 좋은 방법이기 때문입니다. 잠자기 전에 꾸준히 이야기를 해 주면 아이들은 그 시간을 기다립니다. 습관처럼 말이죠. 부모의 팔베개에 누워서 이야기를 듣는 아이를 상상해 보세요. 함께 누워있는 동질감과 스킨십을 통한 친밀감이 형성되고, 이야기하면서 대화의 시간이 보장됩니다. 스킨십과 대화를 통해서 자녀와의 애착이 증대되는 것이죠.

하브루타
질문 육아

이야기와 함께 질문하다

이야기만 들려주고 생각을 끌어내지 못하면 아빠가 원하는 모습의 절반만 성공하는 것이기에, 이야기들을 통해 하브루타를 하기로 했습니다. 하브루타는 아는 사람은 다 알고 있는 유대인 독서 토론법입니다. 개인적으로 한국의 교육 현실에 대해서 고민하다가 우리 아이들을 위해서 발견하여 2년 정도 공부를 했습니다.

공부해 보니 한국에서는 '사는 대로 생각하는 것이 아닌, 생각하는 대로 사는 아이들'로 만들기 위해 하브루타가 최선이라는 확신이 들었습니다. 그 확신을 바탕으로 미흡하지만, 아빠가 하고 싶은 이야기를 우리 아이들과 하브루타로 함께 시작했습니다. 하브루타는 별거 없습니다. 부모가 책 읽어 주고 질문하면서 아이들의 생각을 하나씩 키워 주면 그것이 하브루타이지요.

21일만 하면 아이들이 변할 수 있다

첫째 딸은 9살에 시크한 매력이 있고, 본인이 필요한 것들은 잘 이야기하지만, 불필요한 것들은 곧잘 잊는 아이입니다. 덕분에 멘탈이 강하다고 할까요? 둘째 아들은 7살에 말도 많고 생각도 많은 아이입니다. 그리고 겁도 많습니다. 하지만 하고 싶은 말은 전부 하는 수다스러운 아이죠. 이 두 아이가 28일간의 하브루타를 통해서 어떻게 질문과 대답이 발전해 가는지 그 이야기를 담아 봤습니다.

아빠가 하는 28일간의 하브루타 관찰기인 동시에 아이들이 변해 가는 모습을 담은 성장기입니다.

28개의 이야기를 만든 이유는 삼칠일에 있습니다. 우리나라는 삼칠일을 참 좋아합니다. 3×7, 21일이죠. 많은 습관 책에서 21일만 꾸준히 하면 습관이 어느 정도 궤도에 오른다고 합니다. 사람마다 다르지만, 평균 21일을 이야기하죠. 우리 선조들이 정말 현명한 것 같습니다. 어떤 과학적 근거도 없을 시기에 21일의 비밀을 알고 있었으니 말이죠. 21개의 이야기를 만들고 마지막 7개 이야기는 에필로그 같은 기분으로 만들었습니다. 21개의 이야기로 마무리해 주셔도 되고 나머지 7개의 이야기도 아이와 함께해도 좋습니다.

하브루타 질문 놀이는 가볍게 시작한다

하브루타는 유대인 독서 토론법으로 많이 알려져 있습니다. 하브루타 부모교육 연구소에서는 하브루타의 정의를 "짝하고 대화하고, 질문하고, 토론하고, 논쟁한다."로 정의합니다. 한국 실정에 맞는 정의입니다. 하지만, 교육법은 하는 사람에 따라서 조금씩 변형이 됩니다. 그러기에 저는 우리 가족에게 맞게 하브루타를 변형하였습니다. 아빠라는 짝과 함께 질문하고 대답하기도 하고, 가족이 함께 이야기하기도 합니다. 치열한 토론보다는 가벼운 질문으로 이야기를 만들어 가지요. 뭐든지 하는 사람 마음 아니겠습니까? 중요한 것은 우리 아이들이 질문을 받고 생각을 한번 하게 만드는 것이니까요.

하브루타 질문 놀이를 가볍게 시작하도록 책의 구성은 아래와 같이 되어 있습니다.

❶ 자존, 끈기, 열정, 행복이라는 4개의 큰 주제를 잡았습니다.
❷ 큰 주제 밑에 7개의 소주제, 총 28개의 판타지 소설 같은 이야기가 있습니다.
❸ 각 이야기 처음에 이야기를 왜 썼는지 간단히 작가의 의견을 작성하였습니다.
❹ 마지막으로 아이들과 함께했던 질문 놀이의 예시가 들어 있습니다.

28개의 주제가 아이들에게 들려주고 싶은 이야기입니다. 질문하다 보면 아이들은 주제를 벗어나기도 합니다. 주제에서 벗어나는 것이 정상입니다. 우리 아이들과 했던 질문들을 보면 엉뚱한 질문이 많습니다. 아이들은 부모가 해 주고 싶은 이야기를 한 번에 다 이해하지 못합니다. 꾸준히 이야기를 해 줘야겠지요. 이 책은 이야기를 편하게 시작하는 첫 책으로 사용해 보시기 바랍니다.

책의 이용 방법

28개의 이야기가 연결되어 있지만, 중간에 하고 싶은 이야기가 있다면 부모님의 상상력을 동원해서 집어넣으면 됩니다. 아이들의 반응에 즉각 호응하는 것이 흥미를 지속시키는 힘이거든요.

예를 들면, 갑자기 아이가 "피카츄가 나왔으면 좋겠어!" 하면 이야기 중간에 산책하는 피카츄를 넣습니다. "엘사가 나왔으면 좋겠어!" 하면 엘사가 주인공들을 구해 주고 떠나면 됩니다. 가장 중요한 것은 이야기에 대한 흥미와 흥미에 대해 질문하고 대답하도록 만들어 주는 것입니다.

책의 기본적인 활용 방법은 다음과 같습니다.

❶ 이야기 시작 전에 제목에 관해서 물어봅니다. 도전이 주제이면, "최근 도전했던 것이 무엇이 있었을까?" 내면이 주제이면, "마음속에는 큰 힘이 있을까?" 이런 식으로 제목을 가지고 질문하면서 시작합니다.

❷ 이야기를 하루에 하나씩 차곡차곡 읽어 줍니다.

❸ 글을 부모가 먼저 읽고, 기본 질문에 추가로 1~2개 정도 부모의 질문을 미리 만들어 놓습니다.

❹ 만약 부모도 아이도 질문을 만들기 어렵다면, 질문 놀이 예시에서 질문을 커닝해도 좋습니다(처음은 다 어렵습니다. 우리 아이들도 처음 질문할 때 아빠가 만들어 놓은 질문을 아이들이 커닝했습니다).

❺ 아이가 계속 읽어달라고 하면 한 번쯤 참는 것이 좋습니다. 하루에 2개 이상 읽어 주면 주제가 다양해지고, 부모도 힘들거든요.

❻ 아이들의 질문이나 답이 엉뚱하더라도 좋은 생각이라고 꼭 긍정해야 합니다. 그래야 아이들이 계속 질문을 만듭니다. 이상한 이야기라고 지적하시면 절대 안 됩니다.

❼ 제일 중요한 것은 꾸준히 하는 것입니다.

제가 만든 이야기가 멋지거나 뛰어난 글솜씨가 있는 것이 아니라 조금 창피합니다. 하지만, 이 책을 통해서 대한민국의 많은 아빠 그리고 엄마들이 본인의 인생 경험을 아이들에게 이야기해 주는 기회가 되기를 희망합니다.

부모의 경험을 이야기로 아이들에 전달하고, 하브루타를 통해 대화한다면 분명히 우리 아이들은 본인이 생각하는 대로 인생을 살아가는 멋진 아이가 될 거라고 믿어 의심치 않습니다.

Contents

Part 1

자존

세상에서 가장 소중한
나 자신을 위해

　　자존감이 강한 아이는 세상의 풍파에서 언제나 당당할
수 있습니다. 자기를 존중하는 마음을 어린아이가 이해하기
어렵지만, 꾸준히 아이들에게 이야기해 주고 있습니다. "너는
세상에서 가장 소중한 사람이란다."

- 행복덩이 아빠

1.

내면,
나를 알게 된 아이

사람은 겉모습이 중요한 것이 아니고, 마음속에 어떤 힘이
들어 있는지가 중요합니다. 우리도 살면서 내면을 들여다보는
시간이 부족합니다. 아이들은 해 본 적이 없으니 더 어렵겠지요.
아이들에게 이야기해 주고 싶습니다. 너희들의 내면에는 무한한
힘이 있다고 말입니다. 마음의 힘을 믿는 것이 자존감 향상을
시작하는 첫 번째 단계입니다. 아이들에게 내면에 있는 힘을 자주
이야기해 주면 자존감이 팍팍 올라갈 것입니다.

오토메이션 왕국의 오토 왕자는 아침부터 왕국의 뒷산으로 사
냥을 떠났어. 신나게 산속을 돌아다니다 보니 그만 길을 잃어버
렸지 뭐야. 길을 찾아 한참 동안 산속을 헤매고 다니다가 나뭇가
지에 옷이 찢어지고, 돌에 걸려서 여러 번 넘어졌어. 오토 왕자는
간신히 산속의 작은 마을인 '푸른 숲 마을'에 도착했는데, 몰골이
완전 거지꼴이었어.

마을에 들어선 오토 왕자는 아이들이 한 소녀를 둘러싸고 놀
리는 것을 보았지.

하브루타
질문 육아

"야, 못난이! 왜 자꾸 마을에 들어와."

"너한테서 자꾸 냄새가 난단 말이야. 어서 나가!"

오토 왕자는 한 아이를 여러 명이 괴롭히는 것을 보고 화가 났어.

"야, 너희들 왜 아이들을 괴롭혀! 약자를 괴롭히는 것은 못된 일이야."

"이런, 이 거지는 또 뭐야? 우리 마을은 거지 싫어하니까, 어서 꺼져!"

오토가 왕자라는 것을 모르는 아이들은 겉모습만 보고 오토에게 못된 말을 하기 시작했지. 숲을 헤맨 왕자의 옷은 찢기고 더러워져서 거지처럼 보였거든. 화가 난 왕자가 허리에 찬 칼을 빼 들자 아이들은 겁을 먹고 도망쳤지.

"어어어. 칼이다. 군인인가 봐. 모두 도망쳐!"

오토는 아이들에게 괴롭힘을 당하던 소녀를 보았어. 꾀죄죄한 옷에 떡을 진 머리를 했는데 정말 냄새가 나는 거지 같았지. 오토가 소녀에게 물어봤어.

"너는 이름이 뭐니? 왜 아이들에게 괴롭힘을 당하고 있었어?"
"…"

소녀는 말이 없었어. 오토 왕자는 소녀가 너무 불쌍했어. 말이 없는 소녀를 쳐다보다가 오토 왕자는 소녀의 손을 잡고 왕궁으로 가는 길로 향했지. 벨라는 얼떨결에 오토 왕자와 함께 길을 떠나게 되었어.

대마법사 멀린은 허리를 두드리면서 초가집에서 나왔어. 멀린은 원래 오토메이션 왕국에서 일하는 대마법사였어. 그런데 국왕이 자꾸 일을 시키자, 일하기 싫어서 산골짜기로 도망쳐서 혼자 마법 공부를 하는 중이었어. 원래 마법사들은 괴짜가 많아.

멀린이 허리를 쭉 펴며 산 쪽을 쳐다보는데 사람 두 명이 내려오고 있었어. 멀리서 보기에도 거지처럼 꼴이 말이 아니었지. 갑자기 그중 한 사람이 뛰어오기 시작했어. 그리고 멀린을 보고 인사를 했지.

"안녕하세요? 마법사님. 저예요, 오토 왕자."
"오토 왕자? 음…"

멀린이 자세히 보니 정말 오토 왕자였어.

"어, 왕자님. 이 몰골은 대체…"

멀린은 오토 왕자의 거지 같은 모습에 말을 끝까지 하지 못했지. 그 모습을 본 오토 왕자는 사냥 이야기부터 길을 잃어버리고 여기까지 온 이야기를 다 설명했어.

"아이고, 왕자님 정말 고생이 많으셨군요. 제가 여기서부터는 왕국까지 마법으로 이동시켜 드리겠습니다. 다만, 국왕 폐하에게는 저를 봤다고 이야기하시면 안 됩니다. 비밀입니다. '꼭'입니다. 허허."
"하하하. 당연하죠. 제가 멀린 마법사님을 얼마나 좋아하는데요."

멀린은 이야기를 마치고 오토 왕자의 뒤에 서 있는 소녀를 쳐다보다가 깜짝 놀랐어. 소녀의 겉모습은 거지처럼 꾀죄죄했지만, 소녀의 몸속에는 파란색의 엄청난 기운이 흐르고 있었기 때문이지.

'오호, 저 소녀는 몸에 정령의 힘을 가지고 태어났구나. 저렇게 큰 힘은 정말 오랜만에 보는데. 흠.'

소녀의 내면에서 흘러나오는 힘을 알아본 멀린은 갑자기 마법 주문을 외우더니 소녀의 심장을 살짝 건드렸어. 그러자 소녀의 몸 안에서 커다란 바람이 일어나 소녀를 감쌌지. 꼭 태풍 한복판에 소녀가 있는 것 같은 모습이었어. 소녀도 놀라서 눈을 크게 떴어. 자신의 몸 안에서 이상한 일이 일어나는 것 같았거든. 잠시 시간이 지나자 소녀의 앞에는 커다랗고 신기하게 생긴 무언가가 서 있었어.

"나는 실피드라고 한단다. 바람의 정령왕이지. 아이야, 너의 이름은 무엇이냐?"

바람의 정령왕 실피드가 부드럽게 소녀에게 물어봤지.

"저, 저는 베, 벨라라고 합니…"

소녀의 이름은 벨라였어. 벨라의 몸속에는 태어날 때부터 정령을 부리는 힘이 있었는데 아무도 몰랐던 거야. 우연히 벨라를 본 대마법사 멀린이 마법으로 정령력을 건드리자 바람의 정령왕 실피드가 나왔던 거지.

"벨라야. 나는 오래전부터 너와 함께 있었단다. 네가 나를 느끼기에는 아직 어렸기에 너와 대화를 할 수 없었는데. 이렇게 너를 보니 너무 기분이 좋구나. 나는 이 세계에 오래 있을 수 없으니 너와 함께할 작은 바람의 정령을 남겨두마. 네가 좀 더 너의 힘에 대해서 알게 되면 나하고 오래 있을 수 있을 거란다."

벨라는 놀라서 아무 말도 할 수 없었어. 그때 벨라의 손위에 녹색 같기도 하고 하늘색 같기도 한 정령이 나타났어.

"그 아이는 바람의 하급 정령 실프란다. 네가 네 마음속의 힘을 깨닫게 된다면 실프와 대화도 할 수 있고 나하고도 대화할 수 있을 거란다. 이제 시간이 없구나! 그럼."

실피드는 자기가 할 말만 하고는 바람처럼 사라져 버렸어. 누가 바람의 정령왕 아니랄까 봐 말이야.

"아…"

갑작스러운 상황에 벨라는 아무 말도 할 수 없었지. 그리고 손위에 있는 실프를 보았어.

"예. 쁘. 다."

벨라는 본인의 마음의 힘에서 나온 실프를 보고, 처음으로 자기 생각을 이야기했어. 벨라의 마음에 있는 힘이 정말 대단한가 봐.

To be continued.

: 벨라의 몸속에서 커다란 힘이 나올 때 벨라는 기분이 어땠을까?

: 깜짝 놀라서 심장이 벌렁벌렁했을 것 같아.

: 이야기를 듣고 나니 어땠어?

: 응, 친구를 괴롭히면 안 된다는 교훈을 배웠어.

: 근데 오토가 왜 사냥을 했을까?

: 딸은 어떻게 생각하는데?

: 음. 그냥 심심하니까, 재미 삼아? 잘 먹고 살려고?

: 벨라는 왜 거지가 되었을까?

: 벨라 엄마, 아빠가 일찍 돌아가셔서 고아였거든.

: 아, 그렇구나.

: 벨라는 원래 어떤 아이였을까? 공주였을까, 부자였을까?

: 딸은 어떻게 생각하는데?

: 음. 공주고 돈 많은 부자였을 것 같아.

: 대마법사는 어떻게 벨라를 알아봤을까?

: 마법사라서 그런 거 아닐까?

: 마법사는 원래 힘이 있어!

하브루타
질문 육아

: 마음에는 엄청난 힘이 있을까?

: 그럼 있지. 운동선수는 강한 마음이 있고, 요리사는 음, 친절한 마음이 있을 것 같아.

: 엄청난 힘을 만들려면 착하게 살면 될 것 같아.

: 이야기를 듣고 무슨 생각을 했어?

: 남보다 자신을 먼저 챙겨야 한다고 생각했어.

: 근데 마법사가 왕이 자꾸 일을 시켜서 힘든 것 같았어.

2.

모습,
어깨를 펴면 당당해진다

　　자존감을 위해서 아이들에게 두 가지를 이야기해 주고 싶었습니다. 사람이 예뻐 보이려면 공주나 왕자 옷이 필요한 것이 아니고 깔끔한 옷만 입어도 된다는 것이 첫 번째입니다. 사람들에게 인정을 받으려면 내가 아무리 잘나도 거지 모습으로는 안 된다는 것도 이야기하고 싶었습니다. 내면이 중요하다고 하나, 세상을 살아 보니 깔끔한 겉모습도 분명히 중요하더군요.

　　두 번째는 겉모습이 아무리 좋아도 어깨를 펴고 다니지 않으면 세상 앞에 당당하기 어렵다는 말을 해 주고 싶었습니다. 사람들의 생각은 겉모습에 나타나기도 하지만, 겉모습 때문에 생각이 바뀌기도 합니다. 우리 아이들이 힘든 일이 있어도 어깨를 쭉 펴고 당당하기를 바라는 마음이거든요. 이야기 속 벨라가 어깨를 펴고 가슴을 펴니 실프가 나타납니다. 겉에 보이는 모습을 통해서 마음의 힘이 더 강해진 것이지요.

　　오토 왕자는 벨라의 손위에 떠 있는 실프를 신기하게 쳐다봤어. 오토 왕자도 실프를 처음 보았거든. 시간이 조금 지나자 실프는 사라졌어. 벨라는 어리둥절하며 주변을 살펴보았지만, 실프는 어디에도 없었어. 그때 대마법사 멀린이 이야기했지.

하브루타
질문 육아

"아직 너의 몸속에 있는 힘을 다루지 못하기에 실프가 금방 사라진 거란다. 나중에 너의 몸속 힘을 좀 더 느낀다면 실프가 오랫동안 옆에 있을 수 있을 거다. 허허허."

"네……."

벨라는 실망스러운 목소리로 대답했지. 벨라를 한 번 쳐다본 멀린은 땅에다 마법의 모양을 그렸어. 그리고 오토 왕자를 불렀지.

"왕자님. 이 마법진 위로 올라오십시오. 바로 오토메이션 왕국으로 이동이 될 겁니다. 허허."

오토 왕자는 벨라를 쳐다봤어. 벨라의 처진 어깨와 지저분한 모습이 너무 안쓰러웠어. 그리고 벨라가 보여준 실프가 또 보고 싶기도 했지.

"벨라. 너도 이리 오거라."

벨라는 왕자의 명령에 주춤주춤 마법진 위로 올라갔어. 그러자 마법진이 빛을 냈지.

"왕자님. 국왕 폐하에게는 비밀이옵니다. 허허."
"네, 멀린 님. 제가 입이 또 무겁잖아요."

순식간에 오토와 벨라는 멀린의 앞에서 사라졌어. 멀린은 흐뭇하게 오토와 벨라가 사라진 빛을 쳐다보았어.

갑자기 땅 위에서 빛이 번쩍였어. 왕국의 경비병들은 깜짝 놀랐어. 경비병 랄프는 왕국 경비를 10년이나 섰는데, 왕국의 정문에서 엄청난 빛이 나는 것을 처음 본 거야. 그래서 창을 꼭 잡고 빛이 나는 곳으로 겨누었지.

빛이 사라지자 땅 위에는 두 명의 거지 소년, 소녀가 서 있었어. 아직 지저분한 때를 씻지 못한 오토와 벨라였지. 랄프는 안도의 한숨을 쉬었어. 그리고 창을 앞으로 향하며 소리치려다가 오토의 칼을 보고 깜짝 놀랐지.

"어어. 그 칼은… 오토 왕자님이신가요?"
"오, 랄프. 오랜만이야. 여러 가지 사건이 있었어. 우선 이 아이. 아, 이름은 벨라라고 하는데, 이 아이를 하녀들에게 좀 씻기라고 해 줘. 나도 얼른 씻어야겠어."
"네, 왕자님."

랄프는 오토 왕자에게 경례하고 벨라를 하녀들이 머무는 곳으로 데려다주었어. 당연히 오토 왕자는 왕국으로 들어가서 깨끗이 씻고, 아버지인 국왕 폐하에게 인사를 하러 갔어. 그리고 며칠 동안의 이야기를 해 드렸지. 물론 멀린의 이야기는 빼고 말이야.

하브루타
질문 육아

방으로 돌아온 오토 왕자는 집사에게 벨라를 불러오라고 했어. 벨라는 깨끗이 씻고 하녀들이 입는 깔끔한 옷으로 갈아입었지. 거지 같은 모습을 하고 있던 벨라가 깨끗하게 갈아입고 오니 예뻐 보였어. 그리고 오토는 벨라의 목에 걸려 있는 펜던트를 보았지. 펜던트에는 백조가 그려져 있었어. 오토는 펜던트를 보자 어디서 본 것 같은 기억이 났지만, 우선 벨라가 보여 주었던 실프가 보고 싶었어.

"벨라. 옷을 갈아입으니 예쁘구나. 아까 보여 주었던 실프를 한 번 더 보여 줄 수 있겠니?"

벨라는 온몸에 힘을 주면서 실프를 부르려고 노력했어. 그런데 아무리 힘을 줘도 실프는 나타나지 않았지.

"왕자님. 실프를 아무리 불러도 나오지 않습니다. 잘, 잘못했습니다."

"잘못하기는. 앞으로 노력하면 되지. 그런데 벨라 너의 성은 무엇이냐?"

"스, 스완입니다. 벨라 스완."

벨라는 어깨를 움츠리며 말했어. 아직 벨라는 얼떨떨하기도 하고 왕자가 무섭기도 했거든. 생각해 봐. 거지처럼 지저분하게 마을에 있었는데 어느 순간 왕궁까지 와서 깨끗한 옷을 입고 있잖아. 갑자기 말이야.

왕자는 스완이라는 성을 듣고, 펜던트의 백조 모양이 기억이 났어. 몇 해 전 몬스터들이 왕국을 침략했을 때 몬스터를 무찌르기 위해서 앞장섰던 부족이 있었어. 그 부족들은 모두 벨라의 목에 걸린 펜던트를 걸고 있었거든. 그 부족이 블랙스완 부족이었어. 블랙스완 부족의 희생으로 왕국은 몬스터들을 무찌를 수 있었던 거야. 오토는 갑자기 벨라가 달리 보였지.

"벨라야. 어깨를 펴라. 너는 몬스터로부터 우리나라를 지킨 블랙스완 부족의 아이다."
"왕자님. 저희 부족을 아시나요?"
"그럼, 너희 부족 덕분에 왕국이 무사했단다. 너희 부족은 우리 왕국의 은인이란다."

왕자의 말을 들은 벨라는 눈시울이 붉어졌어. 오랫동안 혼자 산 벨라는 부모님을 알지 못했거든. 더 물어보고 싶었지만, 지금은 오토 왕자가 자기를 인정해 주는 것에 기분이 좋았어.

갑자기 뿌듯해진 벨라는 어깨를 펴고 오토 왕자를 쳐다봤어. 그리고 가슴을 쭉 폈지. 그러자 몸에서 다시 파란 빛이 돌기 시작했어. 그리고 벨라의 앞에 실프가 나타났지. 실프는 벨라를 보고 웃으며 벨라 주변을 날아다녔어.

To be continued.

: 왜 어깨를 펴고, 가슴을 펴니 실프가 나타난 걸까?

: 음. 내 주인이 든든해서? 마음이 강해진 느낌이 들어서?

: 왜 마음이 강해지면 실프가 나타나?

: 마음이 강해지면 온몸에 힘이 솟으니까. 그럼 실프도 힘이 솟거든.

: 음. 스파키가 나타나서 막 싸워서 이길 수 있어서.

(아들은 무슨 답변을 하는지 잘 모르겠습니다.)

: 정령들을 합치면 얼마나 세질까?

: 지구를 산산조각으로 낼만큼 세질걸?

: 정령들이 이순신 장군으로 돼서 칼을 휘두를 것 같아. 힘을 모으는 정령이 필요해.

(갑자기 이순신 장군이 나타나는군요.)

: 벨라는 왜 스완 부족이었을까?

: 음. 스완 부족에서 태어나서?

: 엄마, 아빠가 낳아서 그런 거 같아.

: 그럼 왜 벨라는 혼자 살았을까?

🙎 : 부족이 다 죽어서 그렇지.

🙎 : **깔끔하게 옷을 입으니 왜 예뻐 보였을까?**

🙎 : 옷 입으니까 깨끗해서?

🙎 : 샤워시켜서!

🙎 : 그럼 우리도 깨끗하게 옷을 입으면 예뻐 보일까?

🙎 : 응!

🙎 : 씻는 것도 중요하고 옷도 중요하고 다 중요해. 깨끗하게 멋진 옷을 입으면 폼이 나거든.

🙎 : **아빠, 스완 부족이 물 밑에 기지가 있으면 좋겠어. 그리고 부적으로 싸우면 좋을 것 같아.**

🙎 : 왜 물 밑에 기지가 있으면 좋겠어?

🙎 : 왜냐면 〈신비아파트〉 아이기스 군대가 싸우는 거 내가 좋아하거든. 그렇게 싸우면 좋을 것 같아.

하브루타
질문 육아

3.
긍정,
말투만 바꿔도 행운이 찾아든다

　　그동안 세상을 살면서 부정적인 말을 참 많이 했습니다. 결혼 초기에 아내가 제일 싫어하던 말이 제가 내뱉는 "죽고 싶다."라는 말이었거든요. 말 한마디에 많은 힘이 담겨 있더군요. "죽고 싶다."라는 말을 극도로 자제하니 가정이 바뀌기 시작했습니다. 아이들에게는 저의 우울한 모습을 전해 주고 싶지 않았거든요. 긍정적으로 말하고 행복하게 살기에도 인생은 짧다는 것을 나이 40이 넘어서야 알게 되었습니다.

　　이번 이야기에는 저의 이런 마음을 녹였습니다. 벨라가 우울한 기운을 떨치는 데, 말의 힘을 알기를 바랐습니다. 큰소리로 외치는 긍정의 말투를 통해서 벨라의 어깨가 펴지고 마음의 힘이 더 강해지는 모습을 보여 주고 싶었습니다.

　　이야기를 통해 아이들이 긍정의 말에 대한 힘을 자연스럽게 알게 될 거라 희망하며, 계속해서 응원의 이야기를 해 주려고 합니다.

"야, 너. 이거 정리하고 저기 복도도 다 청소해 놓도록 해."
"네……. 알겠습니……."

　　벨라는 오토의 왕국에서 일하기로 했어. 부모도 없는 산속 오두막으로 가는 것보다 왕국에서 일하는 게 더 좋지 않겠냐고 오토 왕자가 제안했거든.

그러나 동료 하녀들은 벨라를 좋아하지 않았어. 오토 왕자가 추천해서 들어온 것도 싫었지만, 우울하고 얼버무리는 말투도 정말 싫었거든.

벨라는 일을 끝내고 매일 저녁 오토 왕자 앞에서 실프를 부르는 연습을 했어. 처음에는 오토 왕자의 응원에 어깨를 펴고 당당했기에 쉽게 나타났지만, 시간이 지나면 지날수록 벨라의 어깨가 처지면서 실프는 잘 나타나지 않았지.

오토는 시간 날 때마다 벨라를 관찰했어. 볼 때마다 참 안타까웠지. 몸 안에 위대한 정령 술사의 힘을 가지고 있으면서도 그 힘을 잘 꺼내지 못했거든. 벨라를 관찰하던 오토 왕자는 한 가지 이상한 점을 발견했어. 벨라가 실프를 부르는 게 성공하는 날은 벨라의 표정에서 자신감이 있을 때였어. 그런 날은 열심히 일하고 하녀장에게 칭찬을 받는 날이었지.

며칠을 고민하던 오토 왕자는 하녀장 이비를 불러 의논을 했지.

"이비. 내가 고민이 있어요. 이비가 칭찬하는 날에는 벨라가 실프를 부르는 것을 자주 성공하더군요. 이비가 매번 벨라를 칭찬해 주면 어떨까요?"

"왕자님. 일은 잘하면 칭찬을 하는 것이고, 잘하지 못하면 지적을 하는 것입니다. 잘하지도 못했는데 칭찬을 한다면 다른 하녀들이 벨라를 시기할 수도 있습니다."

"흠, 그럼 벨라가 자신감을 느끼게 하는 좋은 방법이 없을까요?"

"우선 벨라의 말투가 문제인 것 같습니다. 정확하게 말을 하지 않고, 잘하겠다는 긍정의 말도 하지 않습니다. 무릇 모든 행동은 생각과 말투에서 시작이 됩니다. 우선 말투부터 긍정적으로 바꾸게 하면 어떨까요?"

"음, 그거 좋은 생각인 것 같네요. 어떤 좋은 방법이 있을까요?"

오토와 시녀장 이비는 한참 동안 벨라의 말투를 바꾸는 방법에 대해 의논했지. 의논 끝에 벨라에게 몇 가지 연습을 시키기로 했어.

우선 시녀장이 평소보다 칭찬을 조금 더 해 주기로 했어. 칭찬은 고래도 춤추게 한다고 하잖아. 두 번째로는 아침에 일 시작 전에 시녀장이 벨라와 함께 "나는 어제보다 나아지고 있다!"를 큰소리로 열 번 외치고 시작하기로 했고, 오토와 저녁에 만나면 "나는 행복하다!"를 열 번 외치고 실프를 부르는 연습을 하기로 했지. 벨라가 긍정의 마음을 가지기 바라는 마음에서 시작한 일이었지.

"자, 여러분. 오늘부터 아침 구호를 열 번 외치고 시작하라는 왕자님의 분부가 있었습니다. 그럼 따라 하세요. 나는 어제보다 나아지고 있다!"

"나는 어제보다 나아지고 있다!"

벨라를 포함한 하녀들은 어리둥절했지만, 왕자님이 시킨 일이라고 하니 열심히 따라 했지. 벨라가 조용히 따라 하자 하녀장 이비가 소리를 쳤지.

"여러분. 더 크게 따라 하세요. 나는 어제보다 나아지고 있다!"
"나는 어제보다 나아지고 있다!"

벨라도 큰소리로 따라 하기 시작했어. 아침에 구호를 외치고 열심히 일했지. 일을 마치고 오토 왕자와 실프를 부르는 연습을 했어.

"벨라. 오늘부터는 실프를 부르기 전에 구호를 열 번 외치고 시작할 거다."
"네? 구호요? 어떤……?"
"자, 따라 하여라. 나는 행복하다!"
"나, 나는 행복하다."
"어허, 더 크게. 나는 행복하다!"
"나는, 행복하다!"

벨라는 아침저녁으로 열심히 긍정의 구호를 외쳤어. 구호를 외치면서 벨라의 말투가 조금씩 바뀌어 갔지. 우울하고 얼버무리던 말투가 점점 당당하고 씩씩한 말투로 변해 갔어. 벨라는 우수한 학생이었어. 오토 왕자와 시녀장 이비가 시키는 대로 열심히 했거든.

조금씩 변해가는 말투 덕분인지 벨라의 어깨는 조금씩 당당해졌고, 실프를 부를 때 성공하는 횟수도 늘어났어. 긍정적인 말을 하니 움츠린 몸도 펴지고 마음속에 있던 정령의 힘도 조금씩 강해진 거야.

오토 왕자와 이비 시녀장의 작전은 멋지게 성공했어. 하지만, 시간이 좀 더 지나도 실프는 매일 나타나지 않았어. 벨라에게는 무언가 더 부족한 것이 있는 것 같았어. 오토 왕자는 벨라를 위해서 또 고민하게 되었지. 오토 왕자는 답을 찾을 수 있을까?

To be continued.

: 왜 벨라가 "나는 어제보다 나아지고 있다!", "나는 행복하다!" 하고 소리치니까 마음의 힘이 강해졌을까?

: 당당하게 소리치니까, 환호하는 것처럼 돼서 그런 거 아닌가?

: 그럼 왜 환호하는 것처럼 하면 마음의 힘이 강해질까?

: 누군가를 진심으로 응원하는 힘을 담아서 하는 거니까, 벨라가 자기를 진심으로 응원해서 그런 거야.

: 크게 소리치니까 마음이 더 단단해졌어.

🙂 : 벨라는 엄마, 아빠가 있어야 진짜 행복한데, 엄마, 아빠가 없어서 행복하지 않았어.

🙂 : 오. 그렇구나.

🙂 : 벨라가 왜 실프만 부를 수 있을까?

🙂 : 정령의 힘의 부족해서? (아이들이 불, 물, 바람, 땅의 정령을 알고 있습니다.)

🙂 : 왜 스파키를 못 이겼을까?

🙂 : 스파키가 뭐야?

🙂 : 전기 나오고 뿔이 있고 막 그런 거야. (아들이 어디선가 보고 이야기하는 것 같은데 실체를 모르겠습니다.)

🙂 : 그럼 다음에 스파키가 나오게 이야기해 볼까?

🙂 : 응.

🙂 : 오토 왕자는 왜 벨라를 받아들였을까?

🙂 : 정령의 힘이 있어서 대박이라서 받아들였겠지.

🙂 : 딸은 왜 받아들인 것 같아?

🙂 : 실프를 또 보고 싶어서?

🙂 : 벨라가 불쌍하다는 생각을 하고 왕국에 살게 한 건 아닐까?

🙂 : 글쎄? 그건 모르겠네.

36 : 벨라가 불쌍하다는 생각을 하고 왕국에 살게 한 건 아닐까?

36 : 글쎄? 그건 모르겠네.

하브루타
질문 육아

: 벨라에게 부족한 것은 무엇일까?

: 마음이 약한 거 아냐? 아니면 몸이 약한 건가?

: 정령들이랑 친하지 않아서 그래. 더 친해지면 되지 않을까?

4.

운동,
몸이 건강하면 마음도 건강하다

　　이번 글의 키워드는 건강과 간절함 두 가지입니다. 그중에서도 건강을 좀 더 이야기해 보고 싶었습니다. 살면서 술도 먹고 배가 나오니 건강이 안 좋아져서 자신감이 많이 떨어지던 시기가 있었습니다. 결코, 지금도 몸짱처럼 건강한 것은 아닙니다만, 그때보다는 건강합니다.

　　아무리 마음이 단단하더라도 몸이 건강하지 않으면 언젠가 마음이 무너집니다. 몸만 튼튼하고 마음이 약해도 사는 데 힘들어지죠. 그러기에 몸도, 마음도 함께 튼튼해져야 한다고 이야기하고 싶었습니다. 미세먼지에 시달리기는 하지만, 틈틈이 아이들이 건강할 수 있도록 어떻게든 운동을 시키려고 노력 중입니다.

　　간절함에 대해서는 나중에 한 번 더 이야기할 생각이지만, 살짝 넣어 봤습니다. 우리 아이들은 부모가 많은 것을 해 주기에 간절함이 부족합니다. 주변을 보니 간절한 사람들이 원하는 것들을 얻더군요. 그걸 우리 아이들에게 조금이나마 알려 주고 싶었습니다.

"헉헉. 왕자님 실프가 잘 나오지 않아요."
"음. 그런가. 벨라, 고생했어. 가서 쉬도록 해."

저녁마다 벨라와 오토 왕자는 실프를 나오게 하는 연습을 했어. 긍정의 말을 많이 하면서 실프가 자주 나왔지만, 매일 나오지는 않았지. 오토 왕자는 고민하다가 시녀장 이비에게 다시 한번 상의를 했어. 이비는 오토 왕자에게 벨라를 지켜본 이야기를 했어.

"왕자님. 아무래도 환경의 문제가 아닐까 싶습니다. 벨라는 원래 산속에서 뛰놀던 아이가 아닙니까? 그런데 왕국에 들어와서 운동도 하지 않고 자연을 접하지 않으니 체력적인 문제가 있는 것 같습니다."

"그래? 그 말이 사실인가요?"

"처음에 왕국에 왔을 때보다 건강이 안 좋아진 것은 사실이옵니다."

"흠. 그래요. 그럼 벨라를 건강하게 만들 방법을 생각해 봅시다. 아무래도 자연에서 운동하면 좋을 것 같은데……."

"왕자님. 경비병 랄프를 혹시 아십니까? 랄프의 취미가 등산이라고 합니다. 랄프와 함께 벨라를 산으로 외출시키면 어떨까요?"

"아, 그래요. 랄프. 그 친구라면 믿을 만하죠. 그럽시다. 랄프를 불러오세요."

"네, 왕자님."

오토 왕자는 랄프에게 매일 오전 벨라와 궁 밖으로 나가서 산으로 산책하라고 명령했어. 랄프는 경비 일을 땡땡이칠 수 있어서 즐거웠고, 벨라는 어리둥절했지. 두 사람은 다음날부터 산으로 산책하러 나가기 시작했어.

벨라의 건강이 좋아졌을까? 맞아. 조금씩 좋아졌어. 몸이 건강해지니까 몸속에 있는 정령의 힘도 커지기 시작했지. 그런 벨라의 모습을 멀리서 지켜보는 두 개의 물체가 있었어. 누군지 알아? 바로 바람의 정령왕 실피드와 땅의 정령왕 노아스였어. 실피드가 혼자 벨라를 지켜보는 게 심심해서 친구인 땅의 정령왕 노아스를 부른 거였어.

"실피드. 저 아이가 너를 불러냈다는 아이야?"

"웅. 맞아. 노아스. 볼수록 귀여운데 몸속에 있는 정령의 힘을 아직 잘 몰라서 아쉬워하는 중이야."

"흐흐. 그래? 그럼 내가 한번 도와줘 볼까?"

"뭔데? 너 또 장난치려고 그러지?"

"크크. 지켜만 보라고. 나오거라, 나의 아이야!"

노아스가 가볍게 주문을 외우자 땅속에서 난장의 모양을 한 노움이 나타났어. 마치 백설 공주에 나오는 난쟁이처럼 작고, 조금은 긴 수염을 가지고 있었어. 장난스러운 빨간색 고깔모자도 썼지.

노움이 나타나자 노아스는 무언가를 지시했어. 노움은 고개를 끄떡이더니 땅속으로 푸욱 하고 사라졌지.

"너 노움한테 뭘 시킨 거야?"

"지켜만 보라고. 분명히 저 여자아이에게 도움이 될 테니. 크크."

벨라와 랄프는 오늘도 열심히 산으로 산책을 하러 갔어. 벨라는 너무 즐거웠지. 산에서 살던 벨라는 역시 산이 좋았던 거야. 물론 시원한 바람과 상쾌한 공기도 기분을 들뜨게 했지.

그때였어. 갑자기 땅이 들썩이더니 산 위에서 바위가 굴러떨어졌지 뭐야. 벨라와 랄프는 놀라서 산을 뛰어 내려가기 시작했어. 바위는 금세 벨라와 랄프 뒤까지 따라왔어. 어떡해. 벨라와 랄프가 바위에 깔리게 생겼어.

그 모습을 본 실피드는 깜짝 놀라 노아스를 째려보고는 벨라를 도와주려고 했어. 하지만 그런 실피드를 노아스가 막아섰지. 장난스러운 웃음으로 실피드를 보면서 말이야.

벨라는 바위에 깔릴 위기에 처하자, 눈을 감고 마음 깊이 도와 달라고 외쳤어. 간절하게 말이야. 그러자 벨라의 몸속에서 파란색 불꽃이 일어났어. 그리고 바람들이 벨라를 감싸기 시작했지. 벨라를 감싸던 바람들이 점점 커지더니 다가오던 바위를 조금씩 밀어냈지 뭐야. 그 모습을 본 실피드는 눈을 크게 떴어. 벨라가 가지고 있는 정령의 힘이 확 커졌거든.

조금 시간이 지나자 바위가 다시 벨라의 바람을 뚫고 조금씩 내려오기 시작했어. 그러자 노아스가 뭐라고 중얼거렸지. 땅속에서 노움이 불쑥 튀어나오더니 바위를 던져 버렸어. 산속에서 내려온 바위는 노아스의 명령을 받은 노움이 굴렸던 거야. 아무튼, 땅의 정령들은 터프한 장난꾸러기들이라니까.

벨라는 온몸에 힘이 빠져서 털썩 주저앉았지. 옆에 서 있던 랄프는 입을 턱 벌리고 벨라를 쳐다보았어. 벨라의 몸 주변에는 아직도 바람의 정령이 날아다녔기 때문이야.

"우와. 정말 아름답다."

랄프는 저도 모르게 조용히 이야기했어.

노아스의 장난이 있었지만, 벨라는 드디어 매일 실프를 부르는 힘을 얻게 되었어. 벨라가 이 힘을 얻는 데는 큰 노력이 필요했지. 당당하게 어깨를 펴는 것도 처음에는 힘들었고, 긍정의 말을 연습하는 것도 어려웠지. 하지만 벨라는 연습을 통해서 해냈어. 산으로 매일 산책하러 간 덕분에 건강해지고 몸 안의 정령의 힘이 더 강해졌어.

노아스하고 노움은 무슨 역할을 했냐고? 사실 벨라는 정령을 부르는 힘이 충분했지만, 간절함이 없었어. 노아스의 장난으로 간절하게 소망했기에 실프가 팍하고 나온 거지. 위험한 장난이었지만, 노아스도 벨라가 정령의 힘을 얻는 데 큰 역할을 한 거야. 그래도 위험한 건 위험한 거지?

벨라는 실프를 다시 돌려보내고 랄프와 함께 성으로 돌아갔어. 당당하게 어깨를 펴고 얼굴에는 웃음을 머금고 말이야. 벨라는 이제 몸과 마음이 건강한 아이로 변했어. 역시 몸과 마음이 튼튼해야 살아가는 것이 즐거워지는 것 같아.

To be continued.

: 몸이 건강해지면 왜 마음이 건강해질까?

: 몸이 아프면 활동을 잘 안 하잖아. 그럼 몸속까지 안 좋아지는 거야. 그래서 지난번에 독감에 걸린 것 같아.

: 몸이 건강해지면 안에 있는 것도 건강해지니까 마음도 건강해지는 것 같아.

: 어떻게 하면 간절함이 생길까?

: 어떻게 하면 될까?

: 마음속으로 간절하게 소원하면?

: 자기의 힘을 발휘하면 될 것 같아.

: 건강하면 마음이 튼튼해지나?

: 응. 나도 옛날에는 코 막히고 괴로웠는데 건강해지니까 괴로움이 사라졌어.

: 마음도 튼튼해지나?

🙂 : 응. 선생님은 맨날 건강이 우선, 마음이 우선, 안전이 우선이라고 그랬잖아.

🙂 : 벨라가 왜 실프를 얻는 힘을 가졌을까?

🙂 : 블랙스완의 부족이어서 그래. 엄마가 원래 실피드였는데 벨라의 몸속에 자기의 힘을 넣어 준 거 아닐까? 그래서 간절함을 전해 준 건가?

🙂 : 간절하게 원하니까 실프가 나왔네. 너희들은 간절하게 원하는 것이 있어?

🙂 : 토리(햄스터)가 오랫동안 살았으면 좋겠어.

🙂 : 꽃게를 잡아서 키우고 싶어. 단단해서 오래 살 것 같아.

🙂 : 근데 왜 벨라만 튼튼해지고 랄프는 안 튼튼해진 걸까?

🙂 : 랄프도 튼튼해졌겠지.

🙂 : 근데 왜 벨라만 이야기한 걸까?

🙂 : 당연히 벨라가 주인공이니까.

🙂 : 두려움을 없애는 이야기를 이제 해야 할 것 같은데. 두려움이 없어야 실프를 부를 수 있을 것 같아.

🙂 : 사람은 두려움이 있어. 두려움을 이겨낼 줄 알아야 해.

5.

시기,
험담은 불을 유발한다

이번 글의 키워드는 험담, 시선, 화냄입니다. 자녀를 키우다 보면 남의 이야기에 신경 쓰기도 하고, 잘못한 행동을 보고 화를 내기도 합니다. 그러나 화를 내고 나서는 항상 후회하죠. 아이들이 정말 잘못한 것인지, 내가 기분이 나빠서 화를 낸 것인지 헷갈려서 말이죠. 아이들은 저보다는 화를 잘 다루는 사람이 되기를 희망합니다. 이번 이야기를 하고 나서 아이들이 화를 내거나, 남을 험담하는 것에 대해서 어떻게 생각하는지 질문과 이야기를 나누어보면 어떨까요?

"우와! 벨라, 멋있어요. 한 번만 더 해 봐요."
"그럴까요? 자, 돌아라. 실프!"

슈와아아. 휘리릭.

몸속에 있는 정령의 힘이 세진 벨라는 이제 아무 때나 실프를 부를 수 있었어. 언제 어디서나 실프를 상상만 해도 벨라의 손위로 실프가 날아왔거든. 사람들은 벨라의 실프를 신기해했어. 당연하지. 사람들이 언제 정령을 보았겠어. 정령 술사는 오토메이선 왕국에는 한 명도 없는 희귀한 직업이거든.

매일 벨라와 실프를 부르면서 구경하던 오토 왕자도 이제 좀 지루해졌어. 탕수육도 매일 먹으면 지겹잖아? 아니라고? 한번 먹어 봐. 지겨울 거야.

처음에 실프가 신기해서 벨라에게 잘해 주던 왕국의 사람들도 점점 벨라를 멀리하기 시작했어. 심지어는 벨라를 험담하는 사람들까지 생겼지.

"너 요새 벨라 봤니? 오토 왕자님이 좋아한다고 콧대만 높아서 요새는 일도 잘 안 해."
"그것뿐인 줄 알아? 실프 보여 준다고 자랑하고 다니는데, 너무 꼴 보기 싫더라고."

벨라는 우연히 부엌에 들어가다가 시녀들이 자기를 험담하는 소리를 들었어. 벨라는 깜짝 놀라 움직일 수가 없었지. 마을에서 아이들의 괴롭힘 탓에 몸과 마음에 상처받던 벨라는 오토 왕자 덕분에 상처를 조금씩 치료할 수 있었어. 그런데 시녀들의 험담을 들으니 마음의 상처가 더 커진 거지.

벨라는 일도 때려치우고 비틀거리면서 방으로 돌아왔어. 그리고 시녀들이 했던 이야기를 계속 생각했지. 나쁜 생각은 할 때마다 기분이 안 좋아지는데, 벨라도 똑같았어. 처음에는 시녀들을

하브루타
질문 육아

생각하니 마음이 우울했어. 그러자 몸속에 있던 정령의 힘도 줄어들었지. 조금 지나서는 화가 나기 시작했어.

'내가 뭘 잘못했다고 사람들이 나를 시기하는 거야? 나는 그냥 사람들이 좋아서 실프를 보여 준 것뿐인데.'

화가 나기 시작하자 벨라의 몸속에 있던 정령의 기운이 빨간색으로 변하기 시작했어. 그리고 벨라의 눈동자도 빨갛게 변했지. 다른 사람이 왜 나쁜 시선으로 자신을 보는지 이해가 안 된다고 생각하자 벨라는 더욱더 화가 났지. 그러자 빨간색 정령의 기운이 점점 커지기 시작했어. 처음에는 벨라의 가슴에 손바닥만 한 크기로 있던 빨간 기운은 조금 지나자 벨라의 몸만큼 커졌어. 벨라는 점점 더 화가 났고 빨간 기운이 방을 뒤덮었지.

그때였어! 갑자기 빨간 기운이 합쳐지더니 빨간색 도마뱀 같은 것으로 변해 버렸어. 화가 머리끝까지 난 벨라는 빨간 도마뱀 같은 것이 있는지도 몰랐어. 빨간색 도마뱀은 불의 정령 샐러맨더였어. 벨라는 불의 정령과 계약을 맺지 않았지만, 화가 너무 나면서 불의 정령이 억지로 소환된 거지. 벨라의 화는 점점 더 올라갔어. 그러자 샐러맨더도 점점 더 커져 갔지. 어느 순간 샐레맨더가 방만 한 크기가 되어 버렸어. 너무 커버린 샐러맨더는 방이 좁아지자 화가 났어. 그리고 입으로 커다란 불을 내뿜었지.

화아아아.

샐러맨더가 내뿜은 불에 방안이 온통 잿더미가 되어 버리고 그 불은 성으로까지 번지기 시작했어. 경비병들과 왕궁에 일하는 모든 사람에게 비상이 걸렸어. 불이 점점 성 한가운데까지 번지기 시작했거든. 벨라는 어떻게 되었을까? 벨라는 샐러맨더가 만들어낸 불 한가운데 있었어. 온몸이 불덩이가 되어서 말이지.

사람들이 서둘러 물을 가지고 와서 불을 끄려고 했는데 정령이 만들어 낸 불이라서 불이 꺼지지 않았지.

그때 바람의 정령왕 실피드가 나타났어.

"이런! 큰일 났구나. 이런 상태면 성이 다 타버리겠어. 엘퀴네스, 도와줘. 부탁이야."

바람의 정령왕 실피드는 물의 정령왕 엘퀴네스에게 부탁을 했어. 엘퀴네스는 귀찮았지만, 친구의 부탁이라 하급 정령인 운디네들을 보내 주었지.

운디네들이 나타나서 물을 뿌리자 성에 난 불은 사그라들었어. 그리고 불의 한복판에는 자그마한 불꽃과 옷이 다 타버린 벨라가 서 있었지. 운디네가 물을 더 뿌리자 자그마한 불꽃으로 변해버린 샐러맨더는 '핏' 소리와 함께 사라지고 벨라는 바닥으로 서서히 쓰러졌어.

쓰러진 벨라를 보고 오토 왕자가 달려갔지. 그리고 왕궁의 의사들도 달려갔어. 벨라의 주변은 모든 것이 잿더미가 되어 버렸어.

"우웅……."
"오, 벨라. 정신을 차렸는가?"
"여, 여기는 어디인가요?"
"왕궁에 있는 진료소라네. 너는 3일간 기절해 있었어."
"네? 3일이나요?"

벨라는 화가 너무 나서 자신도 모르게 몸속 정령의 힘을 샐러맨더에게 다 줘버린 거야. 그래서 기절했다가 3일 만에 일어난 거지.

오토 왕자는 깨어난 벨라에게 자초지종을 들었어. 벨라를 시기하던 사람들 때문에 벨라가 화가 났고 그래서 온몸으로 불을 불러와 왕궁을 태운 거라고 말이야. 샐러맨더가 나타난 건 실피드하고 엘퀴네스밖에는 모르는 사실이야. 아무도 못 봤거든.

왕궁이 타버린 모습을 본 국왕은 화가 나서 벨라를 험담한 사람들과 벨라를 감옥으로 보내려고 했어. 오토 왕자가 국왕에게 무릎 꿇고 사정을 해서 벨라는 다행히 왕궁을 떠나는 것으로 마무리를 했지.

남을 험담한 사람도, 남의 시선을 너무 신경 써서 화를 참지 못한 벨라도, 서로에게 상처만 남은 거지. 벨라는 이번 사건을 통해서 많은 생각을 하게 되었어. 어떤 생각이냐고? 너희들이 한번 생각해 봐.

To be continued.

🙂 : **남을 험담하면 어떤 일이 생길까?**

🙂 : 가는 행동이 좋아야 오는 행동이 좋아. 남을 험담하면 자신도 똑같이 되고. 나쁜 일이 생길 거야.

🙂 : 어떤 나쁜 일이 생길 것 같아?

🙂 : 모욕받은 사람이 폭주할 것 같아.

🙂 : 열 받은 사람이 성을 완전히 부숴 버릴 것 같아.

🙂 : **화나는 것을 참아야 할까?**

🙂 : 머리끝까지 나면 못 참을 수도 있어. 그래도 너무 폭주하면 안 돼.

🙂 : 참을 수 있을 때는 참을 수 있는데. 머리끝까지 가면 참을 수가 없어.

🙂 : 벨라는 그런 일이 있을지 몰랐으니까 못 참았을 것 같아.

🙂 : **샐러맨더가 왜 도마뱀이었을까? 사자가 아니고?**

🙂 : 사자로도 변할 수 있을 것 같아. 마법도 부릴 수 있고.

🙂 : 아. 그럴 수도 있겠다. 다음에는 마법을 부리는지 한번 보자고.

하브루타
질문 육아

🙂 : 왜 샐러맨더는 도마뱀이었을까? 피닉스도 있는데 말이야.

🙂 : 왜 그럴까?

🙂 : 아, 생각났다. <겨울왕국 2>에서도 도마뱀이 불을 뿜었어.

🙂 : 왜? 샐러맨더는 점점 커졌을까? 그리고 어디로 사라졌을까?

🙂 : 나쁜 힘을 흡수해서 커졌어. 정령이 사는 곳으로.

🙂 : 그런데 정령이 사는 곳은 어디였을까?

🙂 : 정령의 세상. 정령 나라지.

🙂 : 무슨 이야기가 제일 재미있었어?

🙂 : 벨라가 불타는 거.

🙂 : 샐러맨더가 나오는 게 재미있었어. 다 재미있어.

🙂 : 샐러맨더는 물을 다 태울 힘이 있을까?

🙂 : 물을 마르게는 할 수 있을 것 같아.

🙂 : 그렇구나. 불이 물을 마르게 할 수 있겠구나.

6.

결정,
내 삶은 내가 결정한다

딸에게 간혹 물어봅니다.

"놀고 밥 먹을까, 밥 먹고 놀까?"

"잘 모르겠어. 아빠가 결정해 줘."

딸이 이런 대답을 할 때마다 답답할 때가 있습니다. 어떻게 보면 아빠가 두려움 때문에 딸에게 결정을 떠넘기는 것일 수도 있습니다. 딸도 어느 것이 더 좋은 선택인지 모르거나, 어느 것을 하면 안 좋은 일이 생길지에 대한 두려움 때문에 결정을 못 한 것일 수 있습니다.

아이들에게 알려 주고 싶었습니다. 결정은 항상 해야 하고 두려움 때문에 결정을 못 하는 사람이 되지 말라고 말입니다. 결정해서 생기는 책임을 회피하지 말라고도 가르쳐 주고 싶었습니다. 너무 많은 이야기가 담겨 있네요. 저부터 두려움에 결정을 못 하는 모습을 보이지 말아야겠습니다. 우리 아이들이 보고 배우게 말입니다.

"벨라. 이렇게 왕국을 떠나게 된다니 아쉽구나. 네가 가는 길에 항상 행운이 함께하기를 기원하마."

"왕자님. 그동안 돌봐주셔서 감사합니다. 정착하면 왕자님께 연

하브루타
질문 육아

락을 드리겠습니다."

"그러려무나. 조심히 가거라."

왕국을 불태운 벨라는 쫓겨나듯이 떠났어. 국왕이 화가 머리끝까지 났는데 감옥에 안 간 것은 다행이지 뭐야.

왕국을 떠나서 길을 따라 내려가던 벨라는 갑자기 바위에 걸터앉았어. 어디로 가야 할지 결정을 내리지 못했거든. 벨라는 고아라서 고향인 푸른 숲 마을에 가 봐야 계속 외로울 거라고 생각했거든.

벨라는 고향 마을로 돌아갈지, 아니면 도시로 나가서 일자리를 구할지 고민을 했어. 아무리 고민해도 결정을 내리지 못했어. 태어나서 이런 고민을 하는 것은 처음이었거든.

계속 앉아 있을 수만은 없어서 벨라는 일어서서 마을을 향해 터덜터덜 걸어갔지. 우선 집으로 가서 정리할 것이 있으면 정리하고 결정하기로 했어.

한참 걸어가니 땀이 났어. 벨라는 실프를 불러서 몸 주변에 바람을 일으켰지. 실프는 선풍기보다 시원하게 벨라의 땀을 식혀 주었고, 몸에 달라붙는 먼지도 털어 주었어. 덕분에 벨라는 쾌적하게 길을 걸어갈 수 있었지.

푸른 숲 마을로 가는 길에 벨라는 오두막집을 발견했어. 왕국에 오면서 만났던 대마법사 멀린의 오두막집이었지. 벨라는 생각했어.

'그래, 멀린 님은 대마법사이시니까 나의 고민을 해결해 줄 수 있을 거야. 한번 들려서 조언을 들어 봐야겠어.'

벨라는 오두막 앞으로 가서 문을 두드렸어. 그런데 아무런 소리도 안 들렸지.

'안 계시나? 그럼 그냥 가야 하나?'

벨라는 계속 기다릴지, 마을로 올라갈지 결정을 내리지 못했어. 그때였어.

"어험. 거기 누구냐? 오, 지난번에 정령을 불러낸 아이 아니냐. 이름이 베르모였나? 허허."

대마법사 멀린이 숲속에서 천천히 걸어 나왔어. 숲속에서 약초를 캐다가 출출해서 집으로 돌아오는 길이었지.

"마법사님. 벨라입니다. 잘 지내셨지요?"
"아, 그래. 벨라. 왕국에 잘 다녀왔느냐? 오래 놀다 오지, 일찍 돌아오는구나. 허허."
"저, 그게… 여러 가지 사정이 있었습니다."

오토메이션 왕국에서 몸도 건강해지고 긍정적인 말투도 배운 벨라는 예전과 다르게 대마법사 멀린에게 또박또박 그간의 이야기를 해 드렸어. 그리고 마을로 돌아가야 할지, 도시로 나가서 일자리를 구해야 할지에 대해 고민이 된다고 말하고 조언을 부탁드렸지.

잠시 뜸을 들이던 멀린이 이야기했어.

"그래. 미래에 대해서 고민이 있는 거구나. 그런 거라면 하고 싶은 것이 무엇인지 먼저 생각해 보는 것이 어떻겠니?"

"제가 경험이 없어서 하고 싶은 것이 무엇인지 생각하기가 어렵습니다."

"그래, 그럴 수 있지. 흠, 그럼 한번 너를 믿어 보는 것은 어떠냐? 너의 마음을 한번 조용히 들여다보고 마음이 하고 싶은 일을 선택하는 것이 좋을 듯하구나."

"그냥 마법사님이 선택해 주시면 안 될까요?"

"결정이라는 것에는 책임이라는 것이 포함된단다. 무슨 일을 하더라도 좋은 일과 힘든 일이 생긴다는 것을 혹시 알고 있니?"

"음. 잘 모르겠습니다."

"그래, 그럼 지금부터 한번 알아 가면 되겠구나. 세상에는 항상 쉬운 일만 생기지 않는단다. 예를 들면 이런 거란다. 만약에 벨라 네가 고기를 먹고 싶다고 해 보자. 그럼 어떻게 해야겠니?"

"음, 고기를 사러 가야겠죠?"

"그렇지, 그게 가장 쉬운 방법이지. 그런데 네가 돈이 없다면 어떻게 해야 할까? 사냥하러 가야겠지? 이건 어려운 일이 될 거야. 왜냐면, 너는 사냥을 해 보지 않았잖니?"

"그렇죠. 저는 사냥을 해 본 적은 없어요."

"그럼, 돈이 없는데 어떻게 해야 할까?"

"음, 저는 약초를 잘 알아요. 약초를 캐서 마을에 가서 팔면 돈을 벌 수 있어요."

"그렇지. 그건 쉬운 일인가?"

"음. 잘하는 일이니까 쉽지는 않지만, 할 수 있는 일인 것 같아요."

"그렇지. 이렇게 하고 싶은 일이 있다면, 다양한 방법이 있으니 네가 생각해서 결정할 수 있단다. 허허. 이렇게 생각하고 결정하는 습관이 없다면 힘든 일이 생길 때 도망만 다니게 된단다."

"아, 그렇겠군요. 근데 항상 힘든 일이 생기는 건가요?"

"생길 수도 있고 안 생길 수도 있단다. 결정을 못 하는 이유 중의 하나는 힘든 일이 생길까 봐 두렵기 때문이란다. 궁전에서 있었던 일들을 한번 잘 생각해 보렴. 힘든 운동과 말투를 바꾸는 연습들을 통해서 벨라 네가 바뀌지 않았니? 힘든 일이 생겼을 때 두려워하지 말고 이겨내는 재미도 쏠쏠하단다. 허허."

벨라는 멀린의 말을 듣고 오두막 옆에 벤치에 앉아서 생각하기 시작했어. "왜?"에 대한 고민이었지. 그리고 '결정'과 '두려움'에 대한 고민도 했어. 한참 고민을 하자 머리가 아파서 짜증이 좀 나려고 했지. 그러자 샐러맨더가 툭 튀어나왔어. 샐러맨더가 튀어나오자 실프도 튀어나왔어. 둘이 옥신각신하더니 숲에 불이 붙었어. 벨라는 당황했지. 그러자 운디네가 툭 튀어나와서 불을 꺼 주었어.

벨라는 생각을 하다 보니 머리도 아팠지만, 실프, 샐러맨더, 운디네가 노는 모습을 보니 즐거웠어. 그리고 곰곰이 생각해 보았지. 그리고 결정했어.

"마법사님. 저는 우선 푸른 숲 마을로 돌아가려고 합니다."

"오, 그래. 돌아가기로 결정했느냐? 왜 돌아가려고 하느냐?"

"제 마음속을 들여다보니 저의 정령 친구들과 즐겁게 놀고 싶은 마음이 더 컸습니다. 아무래도 도시보다는 친구들이 고향 마을에서 더 즐겁게 놀 수 있을 것 같습니다."

"그래? 그럼 먹고살기 위한 일자리도 필요할 텐데?"

"제가 마을로 돌아가기로 했으니 저와 정령 친구들이 먹고사는 것은 어떻게든 책임지려고요. 원래 약초를 캐서 그럭저럭 살 수 있었거든요."

"도시로 가면 재미있는 것들도 많을 텐데?"

"우선 마을에 가서 정리하고 다시 한번 결정을 내려도 될 것 같아요."

"그렇구나. 좋은 결정을 했다. 허허."

"마법사님. 조언 감사드립니다."

벨라는 대마법사 멀린에게 꾸뻑 인사를 했어. 샐러맨더는 입으로 불을 뿜으면서 인사를 대신했고, 실프는 멀린의 주변을 날아다니며 간지럼을 태웠어. 인사 대신에 말이야. 운디네는 도도하게 코웃음 치면서 벨라를 따라갔지. 운디네는 도도한 아가씨거든.

To be continued.

: 노움은 언제 나올 건가?

: 운동할 때 나왔었잖아.

: 운디네는 왜 나왔어?

: 불 꺼 주려고.

: 그다음에 벨라는 어떻게 살아갔을까?

: 생각이 잘 안 나.

: 아빠가 다음에 알려 줄게.

: 내가 결정을 내렸는데 어려운 일이 생기면 어떻게 할 것 같아?

: 웃으면서 이겨낼 거야.

: 그냥 집으로 돌아갈 거야. 집에서 잘 거야.

: 잠을 자면 어려운 것을 이겨낼 수 있나?

하브루타
질문 육아

: 응. 자고 나면 안 무서울 것 같아.

: 두렵거나 무서워서 결정을 못 내린 적이 혹시 있었니?

: 고빈이란 애가 있는데 욕을 많이 해서 마주치기 싫어서 피해 다니기는 해.

: 딸이 결정한 거네. 피해 가기로. 만약에 피하지 못하면 어떻게 할까?

: 그냥 싹 모른 척하고 지나갈 거야.

: <신비아파트> 볼 때, 볼까 말까 하면서 무서웠었어.

7.

용서,
마음을 편하게 해 주는 힘

살면서 종종 용서가 어려운 일들이 있습니다. 그런데 몇 년이 지나면 왜 그렇게 용서를 못 했는지 아쉬운 생각이 듭니다. 그 당시에 편하게 용서했으면 살아가면서 내 마음도 편했을 텐데 하는 일들도 참 많았습니다. 우리 아이들이 아픔을 마음에 담아 두지 않고 용서하면서 살아가기를 바라면서 용서 편을 썼습니다. 성인도 어려운 용서라는 말을 아이들이 이해하기는 어렵겠지만, 조금이라도 이해하기를 바라 봅니다.

"에휴, 먼지. 청소부터 해야겠네. 실프, 도와줘."

휘이이잉.

오랜만에 집에 도착한 벨라는 한숨부터 쉬었어. 집 안이 먼지로 가득 찼거든. 그래서 벨라는 실프를 불러서 부탁했어. 실프는 바람을 일으켜서 집 안의 먼지를 창밖으로 다 날려 버렸어. 갑자기 집이 상쾌해졌지.

하브루타
질문 육아

"샐러맨더. 벽난로에 불 좀 피워 줘. 너무 추워."

파아아아.

산속의 집은 저녁이 되면 항상 추웠어. 샐러맨더는 벽난로에 불을 지펴 주었어. 방안이 훈훈해졌지.

"운디네. 음식을 해 먹게 물 좀 냄비에 넣어 주겠어?"
"…"

운디네는 도도한 아가씨라 움직이지 않았어. 벨라는 살짝 눈을 흘기고 냇가에 물을 길으러 갔어. 벨라가 커다란 물통에 물을 담는데 어디선가 돌이 날아와 물통에 맞았어.

픽, 첨벙!

벨라는 깜짝 놀라 돌이 날아온 쪽을 바라보았어. 거기에는 항상 벨라를 괴롭히던 동네 아이들이 있었지.

"야, 너! 동네에 나타나지 말라니까, 왜 나타났어?"
"여기가 너희 동네야? 여기는 우리 모두가 쓰는 개울가라고!"

아이들이 소리치는 모습에 살짝 몸서리가 쳐졌지만, 그동안 마음의 힘을 키운 벨라는 당당하게 소리쳤지. 당당한 벨라의 모습에 아이들이 깜짝 놀랐어.

"야. 무, 무슨 소리야. 여, 여기는 우리 동네라고!"

버럭 소리친 아이들이 벨라를 향해서 또 돌을 던지려고 했어. 그때였어, 갑자기 땅이 울렁거리는 거야. 그리고 아이들이 전부 넘어졌어. 무슨 일이 벌어진 줄 알겠어? 바로 노움이 나타나서 아이들을 넘어트린 거야.

"으아아아. 괴물이다!"

깜짝 놀란 아이들은 마을로 줄행랑을 쳤지. 노움은 의기양양해서 벨라에게 다가왔어. 마치 칭찬해달라는 듯이 말이야. 그 모습이 귀여운 벨라는 노움의 머리를 쓰다듬어 줬어.

다음 날 아침, 벨라는 소란스러운 소리에 잠을 깼어. 오랜만에 집에 와서 늦잠을 자고 싶었는데 사람들이 집 밖에서 웅성거려서 일어난 거야. 부스스한 모습으로 잠을 깬 벨라가 문을 열고 나가 봤어. 어제 돌멩이를 던지던 아이들과 어른들 몇 명이 문 앞을 지키고 있었지. 벨라가 조심스레 물어봤어.

"무슨 일이신가요?"

"네가 어제 우리 아이를 괴롭혔다며?"

"네? 괴롭힘은 제가 당했는걸요?"

"무슨 소리냐. 거짓말하지 마라. 네가 어제 괴물들을 불러내서 아이들을 괴롭혔다고 들었다."

벨라는 억울했어. 어른들이 벨라의 말을 믿어 주지 않았거든. 어른들은 벨라를 끌고 영주의 성으로 가려 했어. 죄를 지었으면 벌을 받아야 한다고 말이야.

그때였어. 갑자기 벨라의 지붕 위로 쾅 하는 소리와 함께 무언가 떨어졌지. 벨라와 마을 사람들은 깜짝 놀랐어. 누군가 옷에 묻은 먼지를 털며 벨라의 집 문밖으로 나섰어. 바로 오토 왕자였지.

벨라를 혼자 보낸 오토 왕자는 벨라가 걱정돼서 드론을 타고 오다가 드론의 배터리가 다 돼서 벨라의 집에 추락한 거야.

"허, 참. 배터리가 다되다니. 덕분에 고생했네. 벨라야, 잘 있었느냐?"

"왕, 왕자님. 갑자기 어디서 나타나신 거예요?"

오토 왕자는 벨라가 걱정되어서 잠시 왕국에서 날아왔다고 이야기하며, 주위를 살펴보았어. 아이들과 어른들은 황당하다는 표정으로 오토 왕자를 쳐다보았지.

"누, 누구시오?"

"나는 오토메이션 왕국의 오토 왕자다. 자네들은 왜 아침부터 이렇게 몰려 있는 것인가?"

마을 사람들은 오토 왕자에게 벨라가 아이들을 괴롭혔다고 이야기했어. 벨라는 그런 것이 아니라며 어제 있었던 이야기를 해 주었지. 오토 왕자는 마음속으로는 아이들이 잘못한 것으로 생각했지만, 증거가 없었기에 잠시 생각에 잠겼어. 그리고는 벨라에게 이야기했지.

"벨라야. 정령 중에 말을 할 수 있는 정령이 누가 있느냐?"
"네? 음. 운디네가 그래도 대답을 할 것 같습니다."
"그럼 운디네를 불러 보아라."

그리고 나서는 오토 왕자가 마을 사람들에게 이야기했어.

"너희들은 정령이 거짓말을 한다고 들은 적이 있느냐?"
"네? 아뇨. 정령들이 장난을 잘 치기는 하지만, 거짓말을 하지는 않는다고 들었습니다."

갑자기 운디네가 마을 사람들 앞에 나타났지. 운디네를 본 마을 사람들은 운디네의 아름다운 모습에 넋을 놓고 쳐다보았어.

마을 사람들도 정령을 처음 보았거든.

"물의 정령 운디네 님. 지금 벨라가 아주 곤경에 처했습니다. 운디네 님이 어제 벨라와 함께 있었다고 하는데 혹시 벨라가 아이들을 괴롭히는 것을 본 적이 있나요?"

오토 왕자는 아주 예의 바르게 운디네에게 물어봤어. 운디네의 성격이 까칠하다는 것을 알고 있었거든. 질문을 받은 운디네는 고개를 도리도리 저었어.

"그럼 운디네님, 아이들이 돌을 던지면서 벨라를 괴롭히는 것을 본 적이 있습니까?"

운디네는 고개를 끄떡이며 아이들을 노려봤지. 그 눈빛에 아이들은 어른들 뒤로 숨었어. 오토 왕자가 마을 사람들에 호통을 쳤어.

"객관적인 증거도 없이 벨라를 겁박하다니. 내 너희들을 친히 영주 성으로 데리고 가서 무고한 사람을 괴롭힌 벌을 내리겠다!"

마을 사람들은 깜짝 놀랐어. 앞뒤 상황을 생각해 보니 아이들과 어른들이 큰 잘못을 저질렀다는 것을 알아챈 거야.

"왕자님, 정말 잘못했습니다. 제발 용서해 주십시오. 앞으로는 아이들을 주의 시키겠습니다."

그 모습을 본 벨라가 오토 왕자에게 귓속말을 했어. 그러자 오토 왕자가 이야기했지.

"벨라는 오토메이션 왕국의 보호를 받는 아이다. 만약 벨라에게 해코지하는 사람이 있다면, 내 전속 기사들이 그 죄를 직접 물을 것이다. 어서들 집으로 돌아가거라."

마을 사람들은 "감사합니다."라고 이야기하며 부리나케 도망갔어. 그 모습을 보면서 오토 왕자는 벨라에게 물어봤지.

"벨라야. 왜 마을 사람들을 벌하지 말라고 하였느냐?"

벨라가 귓속말로 한 것은 마을 사람들을 용서해달라는 이야기였어. 아이들이 벨라에게 못된 짓을 하기는 했지만, 노움이 아이들을 혼냈기 때문에 더는 싸움을 키우기 싫었거든.

"사실, 저도 아이들 때문에 마음이 아주 아팠지만, 함께 살아가야 하는 마을이기에 용서해 주고 싶었습니다. 제가 용서를 하면 마을 사람들의 마음도 많이 풀리지 않을까 싶어서요."

하브루타
질문 육아

"그래. 용서라는 것은 먼저 행동하는 것이 중요하지. 아마도 마을 사람들도 너의 착한 마음을 차차 알아 갈 거다."

벨라는 용서라는 마음을 가지게 되자 마음이 편해졌어. 앞으로 마을 사람들과 벨라가 행복하게 살아갔으면 좋겠네.

To be continued.

: 왜 오토는 사람들을 감옥에 가두지 않았을까?

: 아이들 때문에 혼나는 사람들이 불쌍해서 아닐까?

: 잘못했으면 감옥에 가야 하는데.

: 그러게. 그래도 벨라가 용서했으니까 그런 것 같네.

: 왜? 오토 왕자는 벨라 지붕에 떨어졌을까?

: 어, 오토 왕자가 벨라를 찾아가던 길이었잖아. 착륙하는 중에 배터리가 다 돼서 그래.

: 오토는 지붕에 떨어졌는데 멍들지 않았을까?

: 멍만 들었나? 어디 부러지지 않았을까?

: 오토는 강철 갑옷을 입고 있어서 괜찮아.

: 드론에 안전띠를 매고 타서 그런 거 아닌가?

😮 : 벨라는 사람들을 왜 용서한 걸까?

👧 : 마을 사람들이 같이 있는 것도 싫고, 노움이 괴롭힌 거 같아서 그래.

😮 : 몰라.

👧 : 아이들은 왜 벨라를 몰아냈을까?

😮 : 아이들이 괴롭히는 것에 재미를 붙여서 그런 것 같아.

👧 : 뭐가 재미있어. 받는 사람은 재미없거든.

😮 : 딸은 그럼 왜 가끔 아빠나 동생을 놀리지?

👧 : 아빠는 재미있다고 느끼잖아.

😮 : 한 번은 재미있는데 두 번은 재미없는걸.

👧 : 그럼 놀린 사람 벌금 100원씩! 놀리지 말자.

😮 : **노움은 예전에 나쁜 짓을 했는데 이번에는 왜 착한 짓을 했을까?**

👧 : 정령은 장난을 많이 치니까 그런 거지.

😮 : 정령들은 전부 성격이 제멋대로인가 보네. 하하.

하브루타
질문 육아

끈기

인생에서 가장 중요한
법칙

아이들에게 한 가지를 알려준다면 저는 '끈기'를 알려주고
싶습니다. 처음에는 한 발을 더 내딛는 것부터 시작해서
습관을 만들고 원하는 것을 끝까지 하는 아이로 키우고
싶습니다. 그래서 우리 아이들에게 이야기해 주고 싶습니다.
"땀은 너희를 배신하지 않는단다."

– 행복덩이 아빠

1.

시작,
걸어가기 위해서는 목표가 있어야 한다

이번 키워드는 시작과 목표입니다. 저는 "고민만 하지 말고 시작해라!"라는 말을 종종 합니다. 그런데 뭘 시작해야 할까요? 해야 할 일 또는 하고 싶은 일을 시작해야겠죠? 우리 아이들이 해야 할 일을 스스로 찾아가는 것을 기대하지 않습니다. 다만, 하고 싶은 일이 생기면 목표를 정하고 시작하기를 바랍니다. 목표가 없으면 오래 가기 어렵기 때문입니다.

집으로 돌아온 벨라는 며칠 동안 집 안 청소를 했어. 집을 청소하는 동안 땅의 정령 노움이 산속을 뒤져서 과일이며 감자, 고구마 등을 갖다주었지. 노움에게 산은 자기 집과 같았거든.

열심히 청소한 벨라는 침대 위에 누워서 꿈쩍도 하지 않았어. 그동안 많은 일이 있었으니 힘들기도 했거든. 오토 왕자의 왕국에도 가고, 정령들도 만나고, 대마법사 멀린도 만났지. 그리고 집으로 돌아와서 벨라를 괴롭히던 친구들도 용서해 주고 말이야.

너무 힘들었는지 벨라는 3일 내내 잠만 잤어. 배가 고프면 땅

하브루타
질문 육아

의 정령 노움이 가져다준 음식을 먹고, 씻고 싶으면 물의 정령 운디네에게 부탁해서 세수만 했지. 벨라는 점점 침대와 한 몸이 되어 갔어. 혼자 집에 있으니 슬퍼져서 외로움을 느끼기도 했지만, 손가락 하나 까딱하고 싶지 않았어.

쿵! 샤아아아.

벨라가 침대와 한 몸이 되었던 어느 날, 문 앞에서 '쿵' 하는 소리가 났어. '샤아아아' 하고 바람에 나부끼는 나뭇잎 소리도 났지. 소리가 얼마나 컸는지, 벨라가 침대에서 굴러떨어졌어.

"아야야야. 이게 무슨 소리야?"

벨라는 깜짝 놀라서 3일 만에 문밖으로 나가 보려고 했어. 그런데 몸이 잘 움직이지 않았지. 침대에 너무 오래 누워있어서 관절이 굳은 것이었어. 잠시 몸을 주무르고 벨라는 간신히 기어서 문밖으로 나가 보았어.

문밖을 보던 벨라는 깜짝 놀랐어. 이상하게 생긴 괴물이 나무를 때리는 거야. 그 괴물은 키가 5미터 정도 되고, 얼굴에 커다란 눈이 하나가 있고 머리 가운데에 커다란 뿔이 하나 달려 있었어. 오른손에 커다란 방망이를 들고 있었는데 그 방망이를 연신 휘두르고 있었어.

자세히 보니 나무 위에 사람처럼 생긴 것이 나뭇가지를 밟으며 뛰어다니고 있었어. 흡사 나무들 사이로 날아다니는 것처럼 말이야.

　몽둥이로 나뭇가지를 넘어 다니는 사람을 때리던 괴물이 갑자기 멈춰 섰어. 그리고는 쿵 하고 넘어졌지. 그리고 나뭇가지에 있던 사람도 쿵 소리를 내면서 나무에서 떨어졌어.

　벨라는 갑작스러운 일에 놀라서 입이 벌어졌지. 우선 천천히 나뭇가지에서 떨어진 사람 쪽으로 기어가 보았어. 가까이 다가가자 모습이 보였는데, 초록색 실루엣이 보였어. 좀 더 가까이 다가가서 보니 귀가 뾰족하고 길었고, 활을 들고 나무에 기대어 앉아 있었어.

　벨라는 조심스럽게 물어봤어.

"누, 누구세요?"
"허억. 허억. 흠. 잠깐만 기다리세요."

　녹색 옷을 입은 사람은 화살을 커다란 괴물에게 날렸어. 화살은 괴물의 눈에 딱 꽂히면서 괴물이 조그마하게 줄어들었지. 그리고 '펑' 하는 소리와 함께 빗자루로 변해 버렸어.

"휴. 난, 엘프 마을의 전사 엘리라고 합니다. 악마의 기운을 머금은 괴물이 나타나서 뒤쫓다가 여기까지 오게 되었네…"

말을 하다 말고 엘리는 기절했어. 벨라는 실프와 노움의 도움을 받아서 엘리를 집 안으로 옮기고 보살펴 주었지. 하루 정도를 자고 난 엘리가 깨어났어.

"으.으."
"앗, 깨어나셨네요?"
"으. 제가 얼마나 잤나요?"
"하루는 꼬박 주무셨어요."
"아욱. 돌봐주셔서 감사합니다."

엘리는 벨라에게 사정을 이야기했어. 엘리는 엘프 마을의 전사로 숲을 지키고 사는데 요새 갑작스럽게 악마의 기운을 머금은 괴물들이 나타난다는 거야. 도깨비도 나타나고 드라큘라도 나타나고…. 글쎄, 강시도 간혹 나타난다지 뭐야. 산에서만 사는 벨라도 이야기를 듣자 몸이 으스스하게 떨렸어.

"그런데 벨라는 여기서 혼자 사나요?"
"네. 어릴 때는 동네 사람들이 돌봐 줬었는데 이제는 혼자 살고 있어요."
"그렇군요. 아픈 이야기를 해서 죄송해요."

"아니에요. 익숙한 이야기인데요."

"아. 그런데 혹시 벨라는 정령 술사인가요? 주변에서 정령의 냄새가 나요. 우리 엘프들과 정령은 오래전부터 친구여서 정령의 냄새를 잘 맡거든요."

"앗, 그렇군요. 정령 술사까지는 잘 모르겠고 정령들과 친구처럼 지내고 있어요."

엘리는 벨라에게 정령 술사에 관한 이야기를 해 주었어. 정령들은 하급, 중급, 고급 정령이 있고 정령을 관장하는 정령왕이 있다고 알려주었지. 벨라는 처음 듣는 이야기라서 아주 흥미롭게 들었어.

"벨라 양, 나중에 시간 되면 우리 엘프 마을에 한번 놀러 오세요. 저를 도와주었으니 이제 벨라 양과 우리 엘프는 친구입니다. 우리 마을에는 뛰어난 정령 술사도 있으니 벨라 양에게 도움이 될 거예요."

"와. 감사합니다. 그런데 제가 어떻게 엘프 마을을 갈 수 있을까요?"

"음. 이렇게 하지요. 제가 선물로 이 마법 반지를 드릴게요. 정령의 힘을 키워서 중급 정령을 부를 수 있게 되면 중급 정령이 반지의 기운을 통해 엘프 마을로 안내해 줄 수 있을 겁니다. 그리고 이건 엘프들에게 지급되는 기초 정령술 책이에요. 이것을 꾸

하브루타
질문 육아

준히 공부하면 금방 중급 정령과 친구가 될 수 있을 겁니다."

"우와. 이것들은 소중한 것 아닌가요?"

"괜찮습니다. 저를 도와준 것에 비하면 미흡합니다. 아무래도 저는 이제 떠나야 할 것 같습니다. 동료들이 저를 찾느라 고생할 것 같거든요."

"벌써요? 몸이 아프실 텐데요."

벨라는 처음 만난 신기한 엘프와 헤어지는 것이 아쉬웠어. 꼭 정령들과 헤어지는 듯한 느낌이었지. 하지만, 엘리는 동료들이 걱정되어서 바로 떠나야 했지.

"우리는 금방 만날 수 있을 겁니다. 걱정하지 말고 한번 정령술 공부를 시작해 보세요."

"네, 엘리 님. 벨라가 꼭 열심히 공부해서 금방 찾아갈게요."

엘리는 벨라에게 인사하고 나무 위로 뛰어 올라가서는, 마치 고양이처럼 나무 사이를 뛰어서 빠르게 사라졌어.

며칠간 누워만 있던 벨라는 생각했어.

'내가 왜 누워만 있었을까?'

'내가 뭘 하고 싶었기에 움직이지도 않았을까?'

누워만 있던 벨라에게 목표가 생겼어. 바로 엘프의 숲으로 엘리를 만나러 가는 것 말이야. 벨라는 당장 정령술 공부를 시작했어. 사람을 움직이는 데는 목표를 정하는 것이 중요한 것 같아. 벨라가 시작을 했으니 금방 중급 정령을 부를 수 있을 것 같아. 시작이 반이라는 말이 있잖아, 그치?

To be continued.

🧑 : 벨라가 정령술 공부를 왜 시작한 것 같아?

👧 : 중급 정령을 불러서 엘프를 만나려고 그랬지.

🧑 : 난, 공부하기 싫은데.

🧑 : 그러게. 벨라도 싫을 수도 있지만. 목표니까 열심히 했을 것 같아.

👧 : 그렇지. 엘리를 만나야 하니까.

🧑 : 벨라가 왜 열심히 했을까?

👧 : 엘프를 만나려고 그랬지. 열심히 해야 만날 수 있잖아.

🧑 : 벨라는 처음에 아무것도 안 하고 누워만 있었잖아.

👧 : 나는 벨라니까! (딸은 벨라에 자신을 종종 투영합니다.) 벨라는 오래전부터 정령 술사의 꿈을 가지고 있었잖아. 그래서 움직인 거지.

🧑 : 그럼 딸의 꿈은 뭐야?

👧 : 수영 선수. 그러니까 수영 연습을 열심히 할 거야.

하브루타
질문 육아

: 로봇 만드는 연구를 할 거야. 난 로봇 과학자가 될 거니까. 우헤헤.

: 엘프 마을은 어떻게 생겼을까?

: 버섯 집에 살면서 푸른 약초만 먹고 푸른 들판도 있어. 버섯 집에는 음식과 식탁이 있어. 주방은 나무로 되어 있어. 엘프 마을에 들어오면 모두 작아질 것 같아.

: 정령 술사가 다 만든 거 아닐까?

: 엘프 마을에 정령 술사는 몇 명이 있을까?

: 두세 명? 많지 않을 것 같아. 정령 술사는 정령 마을에 살지 않을까?

: 그럼 벨라도 정령 마을로 가야 하나?

: 응. 정령 마을은 멋지고 실용적인 것이 가득한 마을일 거야.

2.

습관,
작은 습관이 길을 만든다

　　꾸준히 한다는 것은 기본인데도 어렵습니다. 매번 살 뺀다고
노력하다가, 술 한잔 먹고 망가지는 제 모습에 항상 후회하기도
하죠. 어른도 어려운데 우리 아이들은 얼마나 어려울까요?
살을 빼지는 못했지만, 꾸준히 공부도 했고, 꾸준히 돈도 벌고,
꾸준히 글도 쓰면서 습관의 중요성을 더욱 느끼고 있습니다. 습관
덕분에 좋은 결과물을 많이 얻었거든요. 아이들에게 꾸준히
하면서 만들어지는 작은 습관이 인생을 바꿀 수 있다고 알려 주고
싶습니다.

　　엘리가 돌아간 후 벨라는 열심히 정령술 책을 공부했어. 3일이
나 열심히 했지. 그런데 4일째 되는 날, 벨라는 다시 침대에 누워
버렸어. 3일간 열심히 공부해서 지치기도 했지만, 혼자 공부하려
니 너무 어려웠던 거야.

　　'어휴, 공부는 무슨. 너무 힘들다. 잠이나 자자.'

　　벨라는 침대에 누워서 온종일 잠을 잤어. 역시 공부하기 싫을

하브루타
질문 육아

때는 잠이 최고야.

창틈으로 햇볕이 들어오니 바람의 정령 실프가 벨라의 뺨을 간지럽혔어. 실프가 간지럽히자 벨라는 꿈틀하고 일어났지. 몸이 개운했어. 땅의 정령 노움이 가져다준 과일로 아침을 먹고, 의자에 앉아서 실프가 날아다니는 것을 멍하니 바라보고 있었지. 실프를 바라보던 벨라는 번뜻 생각이 났어.

'숲에 놀러 가고 싶다.'

벨라는 실프와 함께 집 밖으로 나갔어. 며칠 전에 엘리가 넘어 다니던 나무가 보였지.

'아, 엘리 보고 싶다. 함께 놀고 싶은데.'

벨라는 엘리를 보러 가고 싶은 마음이 다시 솟아올랐어. 며칠 전에 생각했던 목표인 거지. 목표를 이루고 싶은데 정령술 공부는 정말 어렵다고 생각하며 벨라는 숲속으로 걸어 들어갔어.

산책하다 보니 작은 폭포가 있는 강가에 도착했어. 시원한 강물에 발을 담그며 폭포를 구경하는데 무언가 펄떡이는 것이 보였지. 자세히 보니 물고기들이 폭포를 거슬러 올라가려고 노력 중인 거였어.

눈을 크게 뜨고 보니 폭포 주변에는 운디네들도 있었어. 운디네들은 물고기들을 보면서 이야기를 하고 있었지. 벨라는 궁금해서 속으로 운디네를 불렀어. 그러자 운디네 중 하나가 날아왔어.

"운디네. 궁금한 게 있는데, 저 물고기들은 뭐야?"

"저 물고기는 연어라는 물고기야. 연어라는 물고기는 원래 강에서 살다가 바다로 여행을 떠나. 여행하다가 새끼 물고기를 낳기 위해서 다시 강으로 돌아오는데, 저기 보이는 물고기들은 지금 자기가 살던 곳으로 가는 중이야."

"그런데 물고기가 폭포를 거슬러 올라갈 수 있는 거야?"

"바다에서 강은 먼 길이야. 연어들은 하루에 조금씩 그리고 꾸준히 강으로 돌아오지. 돌아가는 길에는 폭포도 있고, 바위도 있고, 물살이 센 곳도 있어. 그래도 꾸준히 하다 보면 폭포도 올라가고, 물살이 센 곳도 헤쳐나가지. 꾸준히 하다 보니 물길을 거슬러 올라가는 것이 습관이 되고 습관이 힘을 만들어 주는 거야."

"우와 신기하다. 거꾸로 거슬러 가는 물고기라니."

"나는 물고기들 응원하러 가 봐야겠어. 안녕."

"응, 안녕."

벨라는 물고기들과 운디네를 빤히 쳐다보다가 자기의 고민을 생각해 보았어.

하브루타
질문 육아

'음, 나는 엘리를 만나러 엘프 마을에 가고 싶은데, 그러려면 기초 정령술을 공부해서 중급 정령들을 불러야 해. 3일 공부하다가 지쳐서 잠을 잤는데, 나는 꾸준히 하는 것이 부족했던 것 같아.'

벨라는 꾸준히 공부해야겠다는 생각을 해 보았어. 그런데 문제가 하나 있지. 기초 정령술이 너무 어려운 거야. 고민하던 벨라는 대마법사 멀린이 생각났어. 집으로 뛰어간 벨라는 짐 더미를 뒤졌지. 그리고 동그란 수정 구슬을 찾아냈어. 예전에 멀린이 도움이 필요하면 연락하라고 준 구슬이었어.

벨라는 수정 구슬에 양손을 대고 멀린에 대해 생각했어. 그러자 수정 구슬이 반짝이면서 구슬 안에 멀린의 모습이 보이기 시작했어.

"오. 벨라 아니냐. 오랜만이구나. 그동안 잘 지냈고? 허허."

"네, 멀린 님. 잘 지내셨어요?"

"그럼, 그럼. 그래, 무슨 일로 수정 구슬을 꺼냈느냐?"

"네. 다른 건 아니고요……."

벨라는 그동안의 이야기를 해 주었어. 엘리를 만난 일, 정령술을 공부해야 하는데 어려웠던 일, 연어를 보고 꾸준함과 습관에 대해서 생각해 본 일 등 말이야.

"오호라. 벨라. 좋은 것을 배웠구나. 인생에서 꾸준함과 습관은 꼭 필요한 것이란다."

"그런가요? 그런데 정령술이 어려워서 꾸준히 하기가 힘들어요."

"음. 그럼 이렇게 하자꾸나. 매일 아침 9시에 수정 구슬을 꺼내서 나를 부르거라. 기초 정령술 정도는 내가 얼마든지 가르쳐줄 수 있으니 말이다. 허허."

"우와, 정말이요? 감사합니다."

"다만, 벨라 네가 연어를 보면서 배웠던 꾸준함 그리고 그 꾸준함을 통해서 만들게 되는 습관이 정말 중요하단다. 공부가 되었든 다른 어떤 것이 되었든, 잘하기 위해서는 습관으로 만들어야 하기 때문이지. 허허."

"네, 알겠습니다. 열심히 할게요. 걱정하지 마세요."

"허허. 알겠다. 그럼 내일부터 아침 9시에 수정 구슬로 나를 부르거라."

"네. 감사합니다."

벨라는 대마법사 멀린에게 연신 고맙다는 인사를 했어. 벨라는 멀린을 통해서 엘프 마을에 갈 수 있는 길을 만들었어. 벨라가 꾸준히 기초 정령술을 공부하고 공부하는 것이 습관이 된다면 언젠가는 중급 정령보다 높은 정령왕도 부를 수 있지 않을까?

벨라는 내일을 기대하며 잠자리에 누웠어. 벨라가 중급 정령을 부를 수 있게 되기를 우리 모두 응원해 보자고.

To be continued.

하브루타
질문 육아

: 벨라는 왜 공부하고 공부한 것을 테스트 안 해 봤을까?

: 테스트하는 걸 몰라서 그렇겠지.

: 너희들은 시험 보는 거 좋아하나?

: 싫어. 캬캬.

: 음. 싫기는 해. 막 긴장되고 그러거든.

: 벨라는 얼마만큼 클 수 있을까?

: 중급 정령들은 다 부를 수 있을 만큼 클 수 있을 것 같아.

: 그 정도면 얼마나 큰 거야?

: 음. 우리 아파트만큼?

: 왜 피카츄는 안 불렀을까?

: 숲에 피카츄나 포켓몬이 있지 않을까? 연어가 물고기 포켓몬 아니었을까?

: 야, 그럴 수도 있겠네.

: 연어가 물을 거꾸로 수영해서 갈 힘이 있을까?

: 노력, 결심, 아가들을 낳겠다는 목표가 있으니까.

: 근육, 점프, 힘을 합쳐서 가는 것 같아.

: 벨라가 열심히 정령술을 공부해서 습관을 만들면 뭐가 좋을까?

: 중급 정령도 만들고, 가고 싶은 곳도 다 갈 수 있을 것 같아. 바다도, 우주도.

: 엘프도 만들 수 있고, 정령왕도 부를 수 있을 것 같아.

: 습관을 한번 만들면 다른 좋은 일도 생길 수 있겠네?

: 운디네가 연어에 대해서 말을 안 해 줬다면 벨라는 어떻게 되었을까?

: 딸은 어떻게 생각해?

: 평생 게으름뱅이로 살았겠지.

: 평생 게으름뱅이로 사는 건 어떤 거 같아?

: 내 인생이 지루할 것 같아.

: 우리가 하는 좋은 습관은 뭐가 있을까?

: 한글 공부하는 거. 수학하고.

: 공부하는 거. 그리고 매일 수영하는 거.

: 밥 먹고 정리하는 거. 밥 먹기 전에 식탁 정리하고 수저 갖다 놓는 습관을 만드는 건 어때?

: 좋아!

: 근데 정령 중에는 용이 있을까? 그리고 정령은 전설의 동물이랑 친구일까?

: 샐러맨더가 불 뿜는 용이나, 피닉스가 전설의 독수리가 될 수 있지 않을까? 아마 전설의 동물이랑 친구일 거야.

: 그러게. 샐러맨더를 키워 보면 재미있는 일이 있겠네.

하브루타
질문 육아

: 그러게? 키워 보면 좋겠다.

: 벨라가 수정 구슬을 먹으면 어떻게 될까?

: 배탈 나겠지.

: 병원에 데리고 가야겠다. 그렇지?

3.

행동,
생각만으로는 이룰 수 없다

아이들을 키우다 보면 "귀찮다."라는 말을 종종 합니다. 아이들과 함께하고 싶은 것이 많지만, 막상 아이들과 함께하면 갑자기 피곤해지기도 하죠. 이제는 "귀찮아."라는 말보다 "그래, 해 보자."라는 말을 더 많이 써야겠습니다. 제가 아이들에게 바라는 것이 생각만 하지 말고 또는 귀찮아하거나 무서워하지 말고 행동하라는 것이니까 말이죠. 아이들은 부모를 똑같이 보고 배우기에 제가 먼저 실천해야겠습니다.

벨라의 하루는 바빠졌어. 아침에 일찍 일어나서 씻고, 밥 먹고, 청소하면 금방 9시가 되지. 물론 청소는 정령들이 도와주기는 하지만 말이야. 9시부터는 수정 구슬로 대마법사 멀린에게 기초 정령술을 배우기 시작해. 그리고 점심을 먹고, 아침에 배운 정령술을 복습하지. 항상 혼자였던 벨라에게 가르쳐주는 사람이 있다는 것은 정말 소중했기에 열심히 정령술을 공부했지.

100일 동안 열심히 공부한 벨라에게 멀린이 이야기했어.

"허허, 벨라야. 100일 동안 정말 열심히 공부했구나. 이제는 공부하는 것이 습관이 된 것 같아서 너무 기쁘구나."

하브루타
질문 육아

"다 대마법사님이 가르쳐주셔서 그래요. 감사합니다."

"조금만 더 공부하면 중급 정령 정도는 부를 수 있을 것 같구나. 허허."

"네? 정말이요?"

"그래그래. 나는 기초 정령술 정도만 가르쳐 줄 수 있으니, 더 배우고 싶으면 아무래도 엘프 마을에 가서 배우는 것이 좋을 것 같구나."

"네. 알겠습니다. 우선 중급 정령부터 불러 보고요."

"그래. 그러려무나."

벨라는 며칠간 더 열심히 공부했지. 그러던 어느 날이었어. 마당에 앉아서 엘리가 넘어 다녔던 나무를 쳐다보면서 바람을 느끼고 있었는데 바람이 흘러가는 모습이 보이지 뭐야. 벨라는 눈을 비볐어.

'어, 바람이 흘러가는 것이 보이네. 뭐지?'

벨라가 눈에 힘을 주고 바람을 쳐다보자 갑자기 하늘하늘한 모습이 보이기 시작했어. 그리고 눈앞에 무언가 '팍' 하고 나타났지. 깜짝 놀란 벨라는 뒤로 넘어졌어.

"아야야야. 에고 뭐야?"

"'뭐야'라고? 난 '뭐야'가 아닌데?"

"엇, 죄송합니다. 누구세요?"

"난, 바람의 중급 정령 슈리엘이야. 네가 날 불렀니?"

"아…."

벨라는 너무 기뻤어. 드디어 중급 정령을 부를 수 있게 된 거지. 벨라가 특히 바람의 정령들과 친하기에 먼저 바람의 중급 정령인 슈리엘이 나타난 거였어. 이제 벨라는 슈리엘과 함께 엘프 마을에 갈 수 있게 되었어. 그런데 갑자기 걱정이 많아지기 시작했어.

'엘리가 나를 몰라보면 어쩌지?'

'엘프 마을이 너무 멀어서 가기 전에 지치면 어쩌지?'

'여행을 떠나려면 무엇을 준비해야 하지?'

'우리 집을 막상 떠나려니까 두렵네. 어쩌지?'

이런 고민 탓에 벨라는 엘프 마을로 출발하지 못하고 있었지. 그래, 집이 편하니까 여행은 나중에 가도 되겠지?

중급 정령을 불러내고 며칠이 지났어. 중급 정령을 불러낸다는 목표 하나를 이룬 벨라는 침대 위에 누워서 천장을 바라보았지. 천장을 자세히 살펴보니 거미줄이 있었고 거미 한 마리가 보였어.

하브루타
질문 육아

'어. 열심히 청소했는데 거미가 있네. 거미를 내보내야겠다.'

벨라는 실프를 불러서 거미를 내보내려고 했는데 거미가 꿈쩍하지 않는 거야. 그때 슈리엘이 나타났어.

"엉. 저 거미는 타란도스네."
"타란도스? 그게 뭔가요?"
"음. 어둠의 기운을 먹은 거미인데 사람에게 해가 되지 않아서 가끔 애완용으로 키우는 거미야. 하지만 힘이 세서 실프들이 내쫓지 못하지. 내가 내보내 줄까?"
"네, 그렇게 해 주세요."

슈리엘이 거미를 내쫓으려 하자 갑자기 거미가 "키잉!" 하는 소리를 내며 공격을 하려는 거야.

"어라, 쟤가 공격하려고 하네. 이봐, 거미. 너 왜 그러는 건데?"

슈리엘은 정령답게 자연에 있는 모든 생물과 대화를 할 수 있었거든. 슈리엘이 타란도스와 이야기해 보니 타란도스는 지금 신경질이 많이 난 상태였어. 벨라의 집에 자리를 잡았는데 거미줄에 아무런 벌레도 잡히지 않았거든. 그래서 계속 굶고 있었지. 그런데 억지로 내보내려 하니 신경질이 난 거야. 벨라의 집은 매일 실프가 바람으로 청소를 하니까 벌레들이 없어서 타란도스가 굶게 된 거지.

슈리엘이 타란도스에게 배고프면 나가서 다시 거미줄을 치라고 이야기해 주었지만, 타란도스는 말을 듣지 않았어. 다시 집을 짓는 게 귀찮다는 거지 뭐야. 벨라는 타란도스가 안타까웠어. 계속 집에만 있으면 굶어 죽을 것 같았거든. 타란도스를 어떻게 설득할까 생각하다가 벨라는 갑자기 이런 생각이 났어.

'나도 타란도스랑 같은 거 같아. 귀찮고 무서워서 엘프 마을에 가려는 생각만 했지, 실제로 움직이지는 않은 것 같아.'

하루가 더 지나자 타란도스는 점점 힘이 없어졌어. 계속 굶었거든. 벨라는 벌레라도 잡아다 줄까 했지만, 슈리엘이 말렸어. 그럼 나중에 벨라가 집을 떠나면 또 굶어 죽을 수 있다고 말이야. 벨라는 결심했어.

'좋아. 나도 타란도스처럼 귀찮아하거나 무서워하지 말고 엘프 마을로 떠나야겠어. 계속 두려워서 움직이지 않으면 평생 엘프 마을에 못 갈 것 같아.'

벨라는 바로 여행을 떠날 짐을 쌌어. 그리고 등에 짊어졌지. 그런데 타란도스가 걱정되었어. 벨라는 슈리엘에게 이야기했어.

하브루타
질문 육아

"슈리엘, 타란도스에게 함께 나가자고 이야기해 보지 않을래요? 굶어 죽으면 불쌍하잖아요."

"흠. 그럴까? 타란도스, 우리랑 함께 갈래?"

타란도스가 빤히 벨라를 쳐다봤어. 그러더니 "키잉!" 하고 소리를 내면서 벨라의 가방 위로 내려왔지.

"타란도스가 너무 배고파서 함께 가고 싶대. 아무리 귀찮아도 굶어 죽는 것보다는 움직이는 게 좋으니까."

"앗, 그래요? 가는 동안 외롭지 않겠는데요."

"새로 친구가 생겼으니 이름을 지어 줘야 하지 않겠어?"

"음. 타란도스니까. 그냥 타란이라고 하면 어떨까요?"

"네가 키울 거니까 맘대로 해."

"자, 타란. 우리랑 함께 여행을 가자."

"키잉."

이렇게 벨라는 슈리엘 그리고 갑자기 함께하게 된 타란과 함께 엘프 마을을 향해 여행을 시작했어. 벨라는 잘 갈 수 있겠지? 역시 생각만 하는 것보다 행동하는 것이 중요한 것 같아. 그래야 어디든 갈 수 있잖아. 그렇지?

To be continued.

🧑 : 타란도스와 벨라는 숲속에서 누구를 만났을까?

🧑 : 곰! 나무늘보!

🧑 : 나는 정령을 만났을 것 같아. 중급 정령들이랑 고급 정령도 만날 수 있지 않을까?

🧑 : 타란도스는 겉으로는 약해 보이지만, 화나면 커져서 벨라 집을 감싸 버릴 수도 있어. 그루트랑 비슷해.

🧑 : 응, 그런 것 같아. 타란도스는 화나면 산만큼 커질까?

🧑 : 머리끝까지 화나서 커지면 그럴 것 같아.

🧑 : 왜 오토는 맨날 안 나올까?

🧑 : 그건 아빠의 마음에 달렸지. (이야기를 쓰는 사람이 아빠라서 그럴지요)

🧑 : 생각하는 것이 중요할까, 행동하는 것이 중요할까?

🧑 : 생각이 먼저이긴 한데, 생각하면 바로 행동해야 하니까. 음. 게으름 피우면 행동을 못 하니까. 음. 행동이 더 중요하다고 생각해.

🧑 : 둘 다 중요하지 않을까?

🧑 : 왜 행동이 더 중요한지 알아? 생각한 대로 행동을 해야 이루어지기 때문이야. 행동이 더 중요해.

🧑 : 생각을 한 다음에 움직이는 게 중요하기 때문에 생각이 중요해. 계획이 없으면 이상한 곳으로 갈 수 있잖아.

하브루타
질문 육아

4.

노력,
꾸준함만이 방법이다

로또로 대박이 난 사람도 있고, 부동산으로 부자가 된 사람도 있습니다. 왠지 남들은 공짜로 부자가 되는 기분에 자괴감이 들기도 하죠. 그런데 그 사람들이 제 주변에는 없더군요. 신문에만 있는 사람들이었습니다. 그만큼 공짜로 무언가를 얻는 것은 쉬운 일이 아닙니다. 살면서 배운 교훈 중의 하나가 "세상에는 공짜가 없다."입니다. 노력하는 만큼 얻어가는 것이 세상입니다. 종종 열심히 노력했는데 결과가 별로라는 사람들도 있습니다만, 아이들에게 벌써 그런 생각을 전해 주고 싶지는 않습니다. 우리 아이들에게 노력해도 안 된다는 패배감을 주고 싶지는 않습니다. 꾸준한 노력에는 긍정적인 결과가 온다는 것을 알려 주고 싶습니다. 갈 길이 구만리 같은 아이들에게 더욱더 희망을 주고 싶습니다.

벨라는 숲길을 향해 걸어갔어. 벨라의 머리 위로는 슈리엘이 날아가고, 가방 위에는 애완 괴물 거미인 타란이 앉아 있었지. 그때 슈리엘이 물어봤어.

"벨라. 너 어디로 가는지 알아?"

"······."

"크크. 어디로 가는지도 모르고 출발하다니. 에고, 벨라야."

벨라는 얼굴이 빨개졌어. 하지만, 자신감 넘치는 벨라는 금방 정신을 차렸지.

"자. 슈리엘, 이 반지를 한번 봐줘요. 엘프 엘리가 이걸 중급 정령에게 보여 주면 알게 된다고 했거든요."
"오호, 그래? 어디 한번 볼까?"

슈리엘은 반지를 빤히 쳐다보기도 하고, 냄새도 맡고, 툭툭 쳐 보기도 했어.

"아. 이 반지에서 그리운 향기가 난다. 이 향기는 저쪽 동쪽 끝으로 이어져 있어."
"그래요? 그럼 우리 그쪽을 향해서 가요."
"그래? 그럼. 출바~알!"

벨라와 슈리엘 그리고 타란은 동쪽으로, 동쪽으로 나아갔어. 산도 넘고, 강도 건너고 너른 들판도 지나갔지. 밤에는 땅의 정령 노움이 굴을 파 주었어. 그리고 괴물 거미 타란이 거미줄로 입구를 막았지. 불의 정령 샐러맨더를 불러서 불을 지피고, 물의 정령

하브루타
질문 육아

운디네를 불러서 물도 마시고 세수도 했지. 음식은 배낭에 싸 온 빵과 노움이 가져다준 과일로 해결했어.

한참을 걸어가는데 저 멀리 어두운 곳이 보였어. 가까이 다가가 보니 커다란 숲이었지. 나무가 너무나 울창해서 숲 안이 하나도 보이지 않았어. 어두운 숲을 보자 벨라는 겁이 났어. 한 걸음도 숲 안으로 들어가지 못했지. 그때 슈리엘이 이야기했어.

"어, 여기는 어둠의 숲이네."

"어둠의 숲? 어두워서 어둠의 숲인가요? 깜깜해서 너무 무서워요."

"음. 내가 듣기로는 가끔 괴물이 나오기는 하지만 아주 위험하지는 않다고 했던 것 같은데. 실프들을 불러서 한번 물어보지, 뭐."

슈리엘이 어둠의 숲 근처에 사는 실프들을 불러서 숲에 관해서 물어봤어. 실프들은 슈리엘에게 조잘조잘 이야기를 많이 해 주었지. 사실 크게 도움 되는 것은 없었어.

"여기는 너무 어두워서 우리도 잘 못 들어가. 깜깜해. 이상한 애들이 으르렁거려. 사람이 있어. 반짝거려……."

"앗, 잠깐만, 사람이 있니?"

"응, 저쪽에. 많이 있어."

"벨라야. 저쪽으로 가면 사람들이 있다는데 한번 가 보면 어떨까?"

"응, 좋아요. 한번 가 봐요. 혼자 숲으로 가면 너무 무섭거든요."

벨라와 슈리엘은 실프가 알려 준 곳으로 걸어갔지. 조금 걸어가니 텐트들이 많이 보였어. 텐트 앞에는 아주 반가운 깃발이 꽂혀 있었어. 바로 오토메이션 왕국의 깃발이었지.

벨라가 텐트로 다가가자 누군가가 다가와서 길을 막았어.

"여기는 오토 왕국의 기사단이 머물고 있다. 멈춰라! 어, 너는 벨라 아니니?"

"앗, 랄프 아저씨?"

벨라를 막아선 사람은 예전에 오토메이션 왕국에서 만난 기사 랄프였어. 그리고 이어서 반가운 목소리가 들렸지.

"오. 이거 누구야. 벨라 아닌가?"

"앗, 왕자님을 뵙습니다."

"하하. 그래, 반갑다. 여긴 어쩐 일이냐?"

벨라는 그동안의 일을 이야기했어. 엘리를 만난 일, 중급 정령을 부른 일, 그리고 여행을 떠나온 것까지 말이야.

하브루타
질문 육아

"이야. 벨라가 고생이 많았구나."

"고생은요. 이제는 목표가 있어서 걸어가는 것도 재미가 있어요. 왕자님은 여기에 어쩐 일이세요?"

"나는, 어둠의 숲에 길을 만들기 위해서 괴물을 사냥 중이란다. 사람들이 어둠의 숲을 지나가야 하는데 길이 없어서 고생 중이거든."

"우와? 엄청난 일을 하고 계시네요. 힘들지 않으세요?"

"힘들기는 한데 가장 힘든 건 오랫동안 이 일을 한 것이란다."

"얼마나 하셨는데요?"

"음. 네가 성을 떠나고 나서 바로였으니 벌써 석 달은 넘었구나."

"우와. 석 달 동안 숲에서 생활하신 거예요?"

"뭐. 그래도 석 달 동안 꾸준히 했더니 이제 마무리 단계란다. 꾸준히 노력하면 안 되는 것이 없거든."

그때였어. 갑자기 "키륵!", "크앙!", "우워어어!" 하는 소리들이 들렸지.

"전원 전투 준비."

기사들이 바쁘게 움직였어. 어둠의 숲에 사는 괴물들이 쳐들어온 거지. 그때였어. 사람 키의 두 배만 한 오랑우탄이 뛰어나왔어. 힘도 세 보이는 게 대왕 오랑우탄 같았지.

"기사들 창을 들어라. 궁수, 발사 준비."

오토 왕자는 병사들에게 명령을 내렸어. 그때였어. 갑자기 슈리엘이 돌풍을 만들어 냈지. 그리고 오토 왕자 앞에 나타났어.

"왕자야. 잠깐만 기다려 보렴. 저 대왕 오랑우탄이 할 말이 있어 보이는구나."
"앗, 누구…. 바람의 정령님이시군요. 알겠습니다. 기사들, 대기하라!"

슈리엘이 오랑우탄에게 날아갔어. 그리고 오랑우탄과 이야기를 나누었지. 잠시 후에 슈리엘이 돌아왔어.

"오토 왕자야. 괴물들이 휴전하자고 하네."
"네? 휴전이요?"
"그래, 인간이 자기들을 공격하는 동안 너무 고생스러웠대. 그래서 인간들이 만든 길 쪽으로는 괴물들이 안 가게 할 테니 더는 숲을 훼손하거나 자기들을 사냥하지 말라고 하네. 간혹 말을 안 듣는 괴물들이 있는데, 그놈들은 사냥해도 뭐라고 안 하겠대."
"앗, 이거 좋은 소식인 것 같은데. 우선 왕국으로 연락해서 의견을 물어보겠습니다."

하브루타
질문 육아

오토 왕자는 수정 구슬로 국왕의 허락을 받고 어둠의 숲 괴물들과 휴전을 할 수 있었어.

"나의 오랜 노력을 보상받는 기분이구나. 벨라야. 덕분에 내가 어둠의 숲을 벗어나게 되었어."

"아닙니다. 왕자님이 노력하셔서 얻어낸 결과입니다."

"아, 나도 이 어둠의 숲에 길을 만들고 나면 휴가차 여행을 떠날 수 있는데. 벨라, 너와 함께 엘프의 숲을 가 보고 싶구나. 괜찮겠느냐?"

"왕자님이 함께해 주신다면 제가 영광입니다."

이렇게 벨라의 여행에 오토 왕자가 함께하게 되었어. 오토 왕자는 검술도 뛰어나고, 필요할 때 기계들의 도움을 받을 수 있으므로 아주 큰 힘이 될 것 같아.

벨라는 슈리엘을 따라 꾸준히 산 넘고 물 건너서 우연히 오토 왕자를 만나게 되었네. 슈리엘의 도움이 있었지만, 오토 왕자는 석 달 동안 포기하지 않고 노력해서 어둠의 숲에 길을 만들었고 말이야. 덕분에 오토 왕자는 휴가를 갈 수 있었고, 벨라는 여행 친구를 얻을 수 있었어. 역시 좋은 일이 생기려면 노력하고 끝까지 하는 것이 중요한 것 같아. 우리 모두 하고 싶은 일이 있으면 끝까지 노력해 보자고.

To be continued.

: 벨라랑 오토는 어떻게 힘을 합칠 수 있을까?

: 열심히?

: 서로 도와주면서 합치나?

: 숲을 걸어가면서 오토와 벨라는 무엇을 만났을까?

: 고급 정령. 바람, 물, 불, 땅 전부 다.

: 벨라의 고향을 발견할 수 있지 않을까?

: 노력이 중요한 걸까?

: 노력하면 뭐든지 다 할 수 있으니까?

: 노력은 안 중요해. 왜냐면, 자꾸 실패만 하면 너무 힘들잖아.

: 성공할 때까지 노력하면 어때?

: 아니야. 힘들어.

: 성공하려면 중요한 것은 뭐야?

: 노력이 필요한 것 같아.

: 실프가 필요한 것 같아.

: 도와주는 사람이 필요한 거구나.

: 응, 그렇지.

: 타란은 언제 도움이 될까?

: 글쎄?

: 싸울 때 도움 되겠지?

하브루타
질문 육아

: 타란은 여자일까, 남자일까?

: 남자일 것 같아. 싸우고 이런 게 남자 스타일 같아. 나중에 싸울 때 도움이 된다고 하니까.

: 타란은 귀여울까?

: 징그러울 것 같아.

: 나는 살짝 귀여울 것 같은데.

5.

정리,
불필요한 것으로부터의 자유

아이들 물건을 보면 한숨부터 나옵니다. 1년 동안 한 번도 쳐다보지 않은 것들이 방에 산더미거든요. 이번 이야기에서는 정리와 필요 없는 것은 버릴 수 있는 용기에 관해서 이야기해 보려고 합니다. 오토 왕자는 필요 없는 쇠갑옷을 버렸고, 정리를 통해 마법의 양탄자를 발견합니다. 우리 인생 역시 종종 정리하지 않으면 어디로 가는지 방향을 잃어버립니다. 그러기에 정리는 앞으로 나아가기 위해서 진정 필요한 일입니다.

벨라와 오토는 어둠의 숲으로 걸어 들어갔어. 오토가 꾸준히 노력해서 만든 숲길을 따라서 말이지. 숲길을 가는 동안에 약속 대로 괴물들이 나타나지 않았어. 대왕 오랑우탄이 약속을 지킨 거지. 하지만 숲속의 길은 끝이 없었어. 하룻밤이 지나고 이틀 밤이 지나도 숲은 끝날 기미가 보이지 않았지.

삼 일째 되는 날 오토가 길을 가다가 갑자기 쓰러져 버렸어. 지쳤던 거지.

"앗, 왕자님 괜찮으신가요?"

하브루타
질문 육아

"으으, 벨라야. 괜찮다. 조금 쉬었다 가면 될 것 같구나."

"네, 왕자님. 노움! 여기에 흙 침대 좀 만들어 줘."

땅의 정령 노움은 불퉁한 표정을 지으며 벨라의 말을 들어 주었어. 오토는 흙으로 만든 침대에 누워서 잠시 쉬었지. 오토가 쉬는 동안 벨라는 오토를 살펴봤어. 그런데 그동안 보이지 않던 것을 발견한 거야. 오토 왕자는 번쩍번쩍한 갑옷을 입고 있는데 엄청 무거워 보였지 뭐야. 벨라는 조심스럽게 왕자에게 물어봤어.

"저, 왕자님."

"음. 왜 그러느냐, 벨라?"

"입고 있는 갑옷이 무겁지 않나요?"

"아, 이 갑옷. 음. 그러고 보니 무겁기는 하구나. 미처 생각하지 못했구나."

"혹시 저보다 빨리 지치신 것이 갑옷 때문이 아닌가 해서요. 왜 갑옷을 입고 계세요?"

"아, 그러네. 괴물들과 계속 싸우다 보니 습관적으로 입고 있었단다. 생각해보니 정리를 한번 하긴 해야겠구나."

오토는 허리에 맨 네모 모양의 손바닥만 한 가방을 풀었어. 그리고 가방을 바닥에 놓더니 주먹으로 한 대 쳤지. 그러자 '펑' 소리와 함께 가방이 창고로 변하는 거 아니겠어.

"헐. 어어…. 왕자님. 이게 뭔가요?"

"아. 벨라는 처음 보겠구나. 우리 오토메이션 왕국의 최신 기술인 이동식 창고란다. 아직 완성품은 아닌데 이번 괴물 토벌을 위해서 아바마마가 선물로 주셨단다."

"우와. 신기해요."

오토 왕자는 창고 문을 열고 들어갔어. 이런. 창고는 난장판이었지. 오토 왕자는 쑥스러운지 뒤통수를 긁었어.

"하하. 좀 지저분하지. 그동안 전쟁을 치르느라 정리를 하지 못했단다."

"아, 왕자님. 너무 지저분합니다."

"그렇지? 하하."

우선 벨라는 창고의 문과 창문을 다 열고 실프들을 불렀어. 실프들이 창고의 먼지를 다 창문 밖으로 날려 버렸지. 그리고는 정리를 시작했어. 너무 지저분한 창고를 보니 정리하고 싶은 마음이 하늘을 찔렀거든.

"왕자님. 우선 왼쪽 위에는 옷을 정리하고, 오른쪽 위에는 무기들을 정리할게요. 그리고 기타 물품은 오른쪽 아래로 모으고요. 쓰레기는 여기 문 앞으로 모아 주세요."

"아. 으, 응. 그러마."

오토는 왕자라서 혼자서 청소를 해 본 적이 없어. 하지만 벨라가 정리하니 함께 정리를 시작했지.

"노움, 운디네. 도와줘."

운디네가 땅에 물을 뿌리자 노움이 흙으로 선반을 만들어 주었어. 마치 진흙 놀이하는 것처럼 말이야. 노움은 땅의 정령이기에 흙을 아주 단단하게 뭉쳐서 멋진 선반을 만들었지. 온종일 창고를 정리하자 드디어 깨끗해졌어.

"휴, 다 끝났다. 왕자님, 어때요? 기분 좋죠?"
"아. 그렇구나. 기분이 좋구나. 하하."
"그리고 쓰레기가 산더미에요."

오토는 쓰레기를 보다가 번뜻 생각난 듯이 창고에 붙어 있는 네모난 상자를 가리켰어.

"아, 쓰레기는 여기 쓰레기 분쇄기가 있단다. 여기로 넣으면 쓰레기가 잘게 갈리면서 왕궁의 쓰레기장으로 이동이 되지."
"우와, 신기해요."

쓰레기를 버리고 갈아버리는 데까지는 한 시간이나 걸렸어. 그만큼 쓰레기가 많았던 거지. 그동안 오토 왕자는 벨라가 정리해 준 옷 구역으로 갔어. 그리고는 번쩍거리는 쇠갑옷을 벗고 가죽 갑옷을 꺼내 입었지.

"이 갑옷이 여기 있었구나. 쇠로 만든 갑옷만큼은 아니지만, 기본적인 방어가 되는 가벼운 갑옷이란다. 창고에 넣어 놓고 잊고 있었구나."

"호호. 역시 정리하고 버리니까 일이 진행되는 것 같아요. 너무 오랫동안 정리했어요. 이렇게 지저분하면 정리도 끈기 있게 해야지, 안 그러면 포기할 것 같아요."

"그, 그렇지. 정리도 끈기 있게!"

오토는 기타 물품이 있는 곳으로 가다가 양탄자를 발견했어.

"오, 이건 내가 15살 생일 때 받은 마법의 양탄자구나."

"우와. 마법의 양탄자요? 이건 무슨 마법을 가지고 있나요?"

"음. 사실 잘 모른단다. 생일 선물을 너무 많이 받아서 열어 보지 않았던 것들이 많거든."

"에이…. 그럼 지금 한번 열어 봐요?"

"그러자꾸나."

오토 왕자는 양탄자를 묶은 끈을 풀고 양탄자를 펼쳐 보았어. 그때였어. 갑자기 양탄자가 빙빙 돌더니 말했어.

"아휴. 잘 잤다. 이번에는 너무 오래 잤는걸. 어, 너희는 누구냐? 혹시 내 새 주인인가? 쿄쿄쿄."

오토 왕자와 벨라는 깜짝 놀랐어. 날아다니고 말하는 양탄자였거든.

"아. 음. 나는 오토 왕자라고 한다. 내가 너의 주인이지."
"웅. 주인, 안녕. 나는 양탄자 아부부라고 해. 보다시피 마법의 양탄자지. 캬캬캬."

오토는 양탄자 옆에 떨어진 편지를 보았어.

> "오토 왕자님. 생일을 축하드립니다. 제가 동방 여행을 하다가 우연히 발견한 마법의 양탄자입니다. 하늘을 날기도 하고, 말도 하는 신기한 녀석이랍니다. 왕자님이 향후 여행을 떠난다면 유용하게 사용할 수 있을 것 같아서 선물로 드립니다. 다시 한번 생일 축하드립니다."

> 추신: "양탄자가 말을 잘 안 들어서 제가 마법을 하나 걸어 놨습니다. 혹시 말을 안 들으면 '아부부, 컬링!'이라고 외치세요."
> - 멀린

아부부는 대마법사 멀린이 준 선물이었지. 아부부는 창고를 마구 날아다니다가 문을 통해 나가버렸어. 창고가 날아다니기에는 좁았거든. 아부부를 쫓아 나온 오토는 창고 문 옆에 있는 빨간 버튼을 눌렀어. 그러자 '펑' 소리와 함께 창고가 다시 네모난 가방으로 변했지.

아부부는 숲 여기저기를 날아다니기 시작했어.

오토 왕자는 창고를 정리해서 편한 옷과 마법의 양탄자를 발견했어. 꾸준히 무언가를 하기 위해서는 정리하고 필요 없는 것은 버려야 해. 정리가 안 되어 있으면 여행 다닐 때 필요한 물건들을 찾지 못할 수도 있으니까 말이야.

To be continued.

😐 : 우리 집에서 가장 지저분한 곳은 어디일까?

😊 : 놀이방.

😮 : 현관 앞에.

😐 : 왜?

😮 : 현관 앞에 쓰레기가 있잖아.

😊 : 놀이방에 장난감이 널브러져 있어서 지나가지도 못하니까. 놀이방이 더 지저분해.

😐 : 놀이방 청소를 해 보면 어떨까?

하브루타
질문 육아

: 싫어. 나중에 할래.

: 그래. 나중에 주말에 하자.

: 힝.

: 언제 엘프를 만날 수 있을까?

: 엘프 마을까지 가 봐야 알 수 있어. 지도를 먼저 만들면서 가야 돌아갈 때 편할 것 같아.

: 곧 만나지 않을까?

: 창고 정리하는 거 보니 어때?

: 깨끗이 정리하고 보니 기분이 좋았을 것 같아.

: 기분이 좋고 넓어졌을 것 같아.

: 놀이방 정리하니까 기분 좋아졌지?

, : 음!

: 벨라는 왜 오토를 데리고 갔을까?

: 오토가 가자고 해서 간 거같아.

: 음. 오토가 벨라에게 돈을 대줘서 간 거 아냐?

: 오토가 벨라에게 반한 걸까?

: 아니. 벨라가 오토에게 반한 거 같아.

: 창고에 있는 물건들은 어떻게 생겼을까?

: 오토메이션 왕국의 최신형 제품이겠지. 그런데 오토 창고는 어떻게 생겼을까?

: 창고는 좁고, 짐을 많이 넣을 수 있을 것 같아. 창고에 놀이터가 있었으면 좋겠어.

: 나는 겉은 회색에 창문이 여러 개 달렸을 것 같아. 안에는 철로 되어 있을 것 같아.

: **오토 왕자는 생일 선물들로 무엇을 받았을까?**

: 여러 가지 신기한 거겠지.

: 머리에 쓰는 헬리콥터, 저절로 움직이는 칼, 갑옷 이런 걸 받았을 것 같아.

: 도라에몽이 주는 선물인가?

: 그럴지도 모르겠네. 크크.

하브루타
질문 육아

6.

집중,
인생 성공의 핵심

세상을 살면서 본인이 감당하지 못할 정도로 정신없는 일들이 종종 생깁니다. 정신없는 분위기에 휩싸이면 어느 순간 올바르지 않은 판단을 하기도 하지요. 우리 아이들이 이런 정신없는 상황에서도 문제의 해결을 위해 집중하기를 바라며 이번 편을 썼습니다. 물론 부모도 정신없는 상황이 오면 아이들에게 짜증 내지 말고 천천히 문제를 해결하는 모습을 보여 줘야겠죠. 부모는 아이의 거울이니까요.

숲을 돌아다니는 마법의 양탄자 아부부를 오토 왕자가 불렀어.

"이리로 오너라."
"……."

아부부는 오토 왕자를 무시하고 마구 돌아다녔어. 아부부가 여기저기 날아다니자 오토 왕자는 정신이 없었지. 그때 오토 왕자는 생각했어.

'그래, 이렇게 정신없는 상황은 괴물들과 전투할 때도 있었어. 어떻게 해야 할지 모르고 집중하지 않아서 괴물들에게 잡아먹힐 뻔했지. 저 정신 없는 놈을 어떻게 할지, 집중해 보자.'

그때 오토 왕자의 눈에 벨라의 손에 들려 있는 멀린의 편지가 보였어.

'아, 그래. 멀린이 이야기했던 주문.'

"아부부, 컬링!"

숲을 날던 아부부가 갑자기 돌돌 말리더니 그냥 바닥에 떨어져 버렸어. 돌돌 감기자 아부부는 말도 할 수 없었지. 멀린의 마법으로 아부부가 돌돌 말리게 된 거야.

"휴, 이제 좀 정신을 차리겠군. 이런 마법이었어. 아부부, 이제 내 말을 잘 들을 건가?"

양탄자는 꼼짝하지 못했어. 그래서 오토 왕자는 돌돌 말려 있는 양탄자를 펴 보았지.

"아휴. 죽는 줄 알았네. 왕자, 나한테 이게 무슨 짓이야? 이런다고 내가 말을 잘 들을 것 같…."

"아부부, 컬링!"

아부부가 너무 시끄러워지자 왕자는 다시 마법의 주문을 외웠지. 그러자 양탄자가 돌돌 말리면서 아부부는 말을 못 하게 되었어.

"아부부, 나는 너를 데리고 가지 않아도 된다. 자꾸 말을 듣지 않으면 그냥 창고에 넣어 버릴 거다. 잘 생각해 보아라."

잠시 시간이 지나고 오토 왕자가 마법의 양탄자 아부부를 펼쳤어. 그러자 아부부가 이야기했지.

"에헤헤헤, 왕자님. 제가 열심히 왕자님을 보필하겠습니다. 이 아부부, 왕자님의 영원한 종이 되겠습니다. 쿄쿄쿄."

아부부는 창고로 다시 들어가기 싫었던 거야. 그래서 오토 왕자의 말을 잘 듣기로 마음먹었지.

"자, 벨라. 아부부에 타자."
"네, 왕자님. 하늘을 나는 것이 너무 기대돼요."

아부부는 오토 왕자와 벨라를 태우고 어둠의 숲을 빠르게 벗어났어. 그 옆을 바람의 중급 정령 슈리엘이 붙어서 함께 날았어.

한참을 날아가는데 갑자기 하늘이 어두워지기 시작했어. 아부부가 이야기했어.

"왕자님. 날씨가 심상치 않습니다. 아무래도 어딘가로 가서 피해야 할 것 같은데요."

아부부가 이야기하자마자 갑자기 돌풍이 몰아쳤어. 그리고 양탄자는 돌풍에 휩쓸려서 뱅글뱅글 돌기 시작했지. 오토 왕자와 벨라는 양탄자에서 떨어지지 않으려고 양탄자를 꼭 붙잡았어. 돌풍 속에서 뱅글뱅글 도니 너무 정신이 없었지. 그때 벨라는 생각했어.

'누군가 좀 도와주세요. 여기서 죽기 싫어요.'

벨라는 살고 싶은 마음에 집중했어. 그러자 벨라의 목에 있던 블랙스완 부족의 펜던트가 커다란 빛을 냈어. 그 빛은 양탄자 아부부를 감싸면서 둥근 막을 만들었지. 그 안에서 아부부는 뱅글뱅글 도는 것을 멈췄어. 그리고 돌풍 중간에 검은색 백조가 나타났지. 검은 백조는 하늘을 쳐다보면서 큰 소리로 울었어.

"꾸오오오."

그러자 갑자기 돌풍이 하늘 위로 날아가기 시작했어. 조금 시간이 지나자 돌풍이 사라지고 하늘은 검은색에서 파란색으로 바뀌었어.

양탄자 위에서 한숨 돌린 오토와 벨라는 백조를 쳐다보았어. 검은 백조를 쳐다보던 벨라의 눈에서 갑자기 눈물이 흘렀어. 검은 백조도 벨라를 쳐다보면서 눈물을 흘렸지. 그러더니 검은 백조가 연기처럼 사라졌어.

"벨라야. 덕분에 살았구나. 이건 무슨 마법인 거냐?"
"저도 모르겠어요. 저는 살고 싶다는 마음에 집중했는데 갑자기 빛이 나더니 검은 백조가 나타났어요."
"에헤헤헤. 다행이에요. 벨라님 덕분에 살았습니다. 쿄쿄쿄."
"그런데 벨라야. 왜 눈물을 흘린 것이냐?"
"글쎄요. 그것도 잘 모르겠어요. 검은 백조를 보니 갑자기 그리운 마음이 올라와서 눈물이 났어요."
"음. 그렇구나. 아무래도 저 백조는 블랙스완 부족의 수호신이 아닌가 싶구나."

벨라는 검은 백조를 보면서 갑자기 엄마 생각이 났어. 전쟁에서 죽은 엄마가 혹시 어디에서 나를 지켜보고 있는 것이 아닌가 하는 상상을 해 보았지.

오토 왕자는 정신없는 아부부 옆에서 집중을 잘했고, 벨라는 돌풍 속에서도 집중해서 어려움을 이겨냈네. 역시 정신없을 때는 집중을 해야 일이 잘 풀리는 것 같아.

급작스러운 사고가 있었지만, 오토와 벨라는 양탄자 아부부를 타고 다시 엘프의 숲을 향해 날아갔어. 물론 그 옆에서는 슈리엘이 길을 알려 주고 있었지.

To be continued.

: 검은 백조는 무엇이었을까? 벨라의 엄마, 아빠가 합쳐진 몸 아닌가?

: 왠지 벨라의 엄마, 아빠를 안내해 준 백조 같아서 벨라가 운 것 같아.

: 백조는 과연 수호신일까? 수호신이 아니었을까?

: 수호신 같아. 벨라를 지켜주었으니까.

: 어떻게 펜던트에 백조가 들어 있었을까?

: <몬카트>에서처럼 목걸이 안에 봉인되었던 것 같아.

: 누가 봉인했을까?

: 저절로 봉인된 것 같아. 엄마, 아빠가 죽었을 때 영혼도 같이 봉인된 것 같아.

하브루타
질문 육아

: <알라딘>에서도 지니가 램프 안에 있었으니까 백조도 있을 수 있을 것 같아.

: 학교나 어린이집에서 정신없었던 적이 있었나?

: 쉬는 시간에 애들이 소리 지르고 뛰어다닐 때 정신없었어.

: 밥 먹을 때 너무 많이 말하면 정신없었던 것 같아.

: 그때는 어떻게 한 것 같아?

: 애들을 반장한테 일러서 조용히 하게 해.

: 왜 딸이 조용히 하라고 이야기하지는 않아?

: 원래 반장이 하는 일이야.

: "애들아, 좀 조용히 해 줄래?" 이렇게 이야기해도 될 것 같아.

: 그렇게 예쁘게 이야기하면 더 떠들 것 같은데?

: 아빠, 누나가 나 놀리는 것 같아.

: 반대 의견을 낼 때는 그럴 수도 있는 거야.

(누나와 동생의 의견 차이로 이후에 엄청난 토론을 했습니다)

: 타란은 어떻게 되었을까? 나는 왠지 날아갔을 것 같아.

: 주머니 속에서 빙빙 돌았을 것 같아.

: 벨라 옷에 주머니가 있을까?

: 재킷이니까 당연히 있겠지.

: 오토와 벨라가 집중하는 거 보니 어땠어?

: 멋있었어.

: 딸도 집중을 잘할 수 있을까?

: 그럼. 집중 잘할 수 있지. 그림 그릴 때만. 헤헤헤.

7.

한 발,
어려울 때 한 발 더 내디뎌라

살면서 한 번만 더 하면 되는데 그 한 번 앞에서 좌절했던 경험도 있고, 한 번을 더 해서 성공했던 경험도 있었습니다. 힘들 때 한 번 더 하는 것이 처음에는 어려웠습니다. 그러나 눈을 찔끔 감고 한 발짝 더 내디디니 좋은 결과가 많이 생기더군요. 물론 한 번 더 해서 실패도 했지만, 하고 나면 후회는 줄어듭니다. 우리 아이들이 힘들어도 좌절하지 말고 한 발 더 내디뎌서 성공의 경험을 자주 해 보았으면 좋겠습니다. 어느 순간 한 번만 더 해 보는 습관이 생길 수도 있겠죠?

마법의 양탄자를 탄 오토 왕자와 벨라는 바람의 중급 정령 슈리엘의 안내로 엘프의 숲으로 나아갔어. 하늘은 파랗고 뭉게구름은 가지각색의 모양을 만들었지. 시원한 바람이 귓가를 스치면서 마음까지 상쾌해졌어. 양탄자를 타고 맑은 하늘을 날아가니 깨끗한 바다에서 수영하는 것 같은 기분이었지.

"저기 뭔가 보여요."

벨라가 소리쳤어. 저 멀리 끝이 보이지 않는 녹색의 숲이 보이기 시작했거든. 드디어 목적지에 다 왔다는 마음에 기분이 좋아졌어.

그때였어. 갑자기 양탄자 위로 커다란 그림자가 드리워졌지. 모두 이상해서 하늘을 쳐다보고 깜짝 놀랐어.

"누가 내 땅에 들어왔는가?"

커다란 울림이 들렸어. 큰 그림자는 푸른 용이었어. 블루드래곤이라고 하는 순한 용이었지만, 크기가 40미터가 넘어서 겉모습을 보고 두려움에 떨 수밖에 없었지. 40미터면 15층 아파트만 한 크기야. 정말 크지?

벨라와 오토가 대답하지 않자 블루드래곤은 화가 났어. 그래서 입을 크게 벌리고는 커다란 소리를 질렀지.

"쿠오오오오!"

드래곤 피어라는 건데, 소리가 너무 커서 모든 생물의 정신을 날려버리는 소리야. 오토와 벨라 그리고 양탄자 아부부까지 소리에 놀라 기절해버렸어. 양탄자가 땅으로 추락하고 있어. 어떡해?
그때 슈리엘이 나타났어! 슈리엘은 정령이라 드래곤 피어에 충

격을 조금밖에 안 받았거든. 슈리엘이 쓰윽 날아와서 떨어지는 양탄자를 부드럽게 땅에 내려놓았어.

"블루드래곤 님. 갑자기 왜 우리를 공격하시나요?"

슈리엘이 물어봤어.

"여기는 내가 지키는 나의 땅이다. 나의 허락 없이는 누구도 들어올 수 없다."

"흠. 저기 누워있는 벨라라는 친구는 엘프 엘리의 초대를 받았는걸요."

"음. 엘프라. 그럼 내 마을에 사는 아이니, 나의 시험을 통과하면 보내 주도록 하마."

"그 시험이 무엇인가요?"

"흠. 요새 내가 입이 심심해서 말이야. 오른쪽 산꼭대기에 보이는 동굴 안 깊숙한 곳에 들어가면 100년에 하나씩 피어난다는 슈퍼 망고가 있다. 마침 슈퍼 망고가 나올 때니 그걸 한 개 따오면 시험을 통과하는 것으로 하마."

"네, 알겠습니다. 제가 아이들을 깨워서 이야기할게요. 그런데 주의해야 할 것이 있나요?"

"동굴 안에는 아라크네라는 대왕 거미가 사니, 그놈만 조심하면 될 거다. 크르르르릉."

블루드래곤은 크르릉 하며 울부짖고는 왼쪽 산에 있는 자기의 둥지로 날아갔어. 슈리엘은 시원한 바람을 불어서 아이들을 깨웠지. 오토와 벨라는 뺨을 때리는 바람 덕분에 일어났어.

"우웅. 여기 어딘가요?"
"아, 우리가 살았네."

슈리엘은 블루드래곤과 나누었던 이야기를 해 주었어. 숲으로 가려면 동굴 속에 있는 슈퍼 망고를 따와야 한다고 말이야.

"그럼. 우리 당장 떠나요."

벨라의 당찬 목소리에 슈리엘과 오토는 고개를 끄떡였지. 양탄자 아부부만 아무 소리 하지 않았어. 양탄자 아부부는 귀찮은 것은 딱 질색이었거든. 그래도 어쩌겠어. 주인이 가자는데. 아부부는 벨라와 오토를 태우고 동굴 안으로 들어갔어.

철썩!

"으아아아!"
"아얏!"

갑자기 철썩하는 소리와 함께 아부부가 멈추고 아부부에 타고 있던 오토와 벨라가 바닥에 떨어졌어.

"이게 뭐야? 끈적끈적합니다. 쿄쿄쿄."

아부부가 소리쳐서 오토와 벨라가 쳐다보니 커다란 거미줄에 아부부가 걸렸지 뭐야. 오토는 칼을 빼서 거미줄을 잘랐어. 어? 그런데 거미줄이 잘리지 않는 거야. 너무나 질겼지. 그때였어.

스스스르륵.

무언가 미끄러지는 소리가 들려서 쳐다보니 대왕 거미 아라크네가 나타났어. 아라크네는 입으로 거미줄을 뱉어서 아부부를 더 꽁꽁 묶었지. 그리고 오토와 벨라에게 거미줄을 뱉었어.
오토와 벨라는 열심히 뛰어다니면서 거미줄을 피했지만 결국은 거미줄에 걸려 버렸어.

"슈리엘! 어떻게 좀 해 줘요."
"나는 바람의 정령이라 거미줄을 어떻게 할 수 없어. 불의 정령이라면 모를까."
"앗, 그렇지, 불! 샐러맨더, 도와줘."

벨라가 소리를 지르자 도마뱀 모양의 샐러맨더가 튀어나왔어. 그리고 "푸우우우!" 하고 불을 내뿜었지. 아라크네의 거미줄이 얼마나 질긴지, 샐러맨더의 불에 살짝 녹는 정도였어. 그래도 오토와 벨라는 녹은 거미줄을 힘을 주어 풀고는 동굴에서 도망쳤지. 아부부는 어쩔 수 없이 내버려 두고 말이야.

"오토 왕자님, 아무래도 아부부를 구할 수 없을 것 같아요. 아라크네의 거미줄이 너무 질겨요."

"그런 말 말아라, 벨라. 잘 생각해 보자. 분명히 아라크네의 약점을 찾을 수 있을 거야. 힘들다고 포기하면 친구를 구할 수 없거든. 힘들다고 생각하면 한 번만 더 생각하고, 한 발만 더 내디디면 방법을 찾을 수 있단다."

"네, 왕자님. 제가 너무 빨리 포기했네요. 방법을 함께 찾아보아요."

"아까 불의 정령이 거미줄을 녹이던데, 더 힘세게 할 수는 없는 것이냐?"

"흠, 아마도 하급 정령이라서요. 중급 정령 이상 되는 불의 정령을 부를 수 있다면 좋은데."

"그래? 그럼 한번 집중해 보면 어떻겠니? 우리 아부부가 거미에게 먹히면 안 되잖니."

마침, 바람의 정령왕 실피드와 이야기를 나누던 불의 정령왕 이

하브루타
질문 육아

프리트가 벨라와 오토의 이야기를 들었어. 정령왕 실피드는 벨라를 예뻐해서 종종 벨라를 쳐다보고 있었거든.

그때 벨라가 집중하며 소리를 쳤어.

"불의 중급 정령 샐리온이여! 저에게 힘을 주세요."

정령 세계에서 벨라를 쳐다보던 이프리트가 실피드에게 이야기했어.

"나 잠깐 저기 갔다 올게."
"이프리트, 또 무슨 장난을 치려고요?"
"장난이라니. 난 도와주려고 하는 거라고. 아디오스."

이프리트는 '푸악' 하는 소리를 내며 사라졌어. 그리고 벨라의 앞에 나타났지. 이프리트는 아주 멋진 남자아이의 모습에 온몸이 불로 휩싸여 있었어. 타오르는 불 때문에 아주 자세히 보기 어려운 모습이었지.

"어어. 혹시 샐리온이신가요?"
"그렇다면?"
"혹시 저를 도와주실 수 있나요? 제 친구가 저 동굴 안에 있는 거미에게 잡혀갔어요."

"그래? 내가 도와주면 나에게 뭘 줄 건데?"

"네? 줄 거요? 음. 제가 가지고 있는 것이라면 뭐든지 드릴게요."

"호. 너의 목숨을 달라고 해도 줄 거니?"

"아, 목숨. 음. 좀 생각해 봐도 될까요?"

"하하하. 농담이다. 나중에 내 소원 하나 들어준다는 약속을 하면 내가 도와주지."

"네. 그래요. 그럼 소원 하나만입니다?"

"그러자꾸나."

이프리트는 동굴 안으로 들어갔어. 이프리트가 동굴로 들어가자마자. 아라크네는 냉큼 도망쳤어. 이프리트가 불의 정령왕이라는 것을 느끼고 도망간 거지.

"이거 참 싱겁군."

이프리트는 거미줄 채로 아부부를 데리고 나왔어.

"내가 이놈을 만지면 타버릴까 봐 들고나왔다. 자, 받아라."

이프리트는 거미줄 채로 아부부를 던졌어. 그리고는 '푸욱' 하는 소리를 남기고 사라졌지. 거미줄은 불타고 있었어. 벨라는 급하게 운디네를 불러서 불을 껐어.

"에고고. 죽을 뻔했네. 고맙습니다, 벨라 님. 절 구해줘서요. 꼼짝없이 죽는 줄 알았다니까요. 쿄쿄쿄."

"하하. 역시 벨라가 어려워도 한 번 더 생각하고 노력하니 아부부를 구할 수 있었구나."

"네, 왕자님. 역시 어렵더라도 한 발 더 내디디면 문제를 해결할 수 있는 것 같아요."

아라크네가 도망간 동굴에서 슈퍼 망고를 따오는 것은 식은 죽 먹기였어. 슈퍼 망고는 말 그대로 사람 몸통만큼 큰 망고였어. 오토와 벨라는 아부부 위에 슈퍼 망고를 싣고 블루드래곤의 둥지로 날아갔지.

"오호. 생각보다 빨리 구해왔구나? 누가 도와줬나?"

"네, 불의 중급 정령 샐리온이 도와주었어요."

"중급 정령? 아까 그 기운은 정령왕 정도였는데. 아무튼, 나의 시험을 무사히 통과하였으니 숲으로 들어가거라. 고생했다."

"감사합니다."

오토와 벨라는 아부부를 타고 드디어 엘프의 숲으로 들어갈 수 있었어. 역시 원하는 것을 얻기 위해서는 어렵더라도 한 번 더 노력해야 하는 것 같아. 엘프의 숲은 어떻게 생겼을까? 너무 궁금하네.

To be continued.

: 힘든 일이 있으면 우린 어떻게 해야 할까?

: 최대한 끈기 있게, 이제 못하겠다고 생각하지 말고 '나는 이거 할 수 있어.'라는 마음을 먹으면 다 할 수 있을 것 같아.

: 누구든지 마음을 딱 먹고 어려움에서 탈출하면 기분이 좋아질 것 같아.

: 그 거미의 집은 어떻게 생겼을까?

: 대왕 거미집일 거야.

: 엄청나게 큰 동그라미일 것 같아.

: 엘프의 마을은 어떻게 생겼을까?

: 왠지 새가 똥을 싸서 과일나무들이 생겼을 것 같아.

: 행복이 가득하고, 요정이 많을 것 같아. 강아지 요정, 이런 게 있을 것 같아.

: 용은 어떻게 생겼을까?

: 파란 비늘을 온몸에 둘렀을 것 같아.

: 무시무시할 것 같아.

: 눈이 열 개일 것 같고.

: 용은 불은 몇 미터까지 발사할 수 있을까?

: 푸른 용이니까 물만 쏘지 않을까?

하브루타
질문 육아

🙂 : 불도 쏠 것 같은데.

🙂 : 왜?

🙂 : 파란 용이 불 쏘는 거 만화에서 봤거든.

🙂 : 아. 그렇구나. 불을 쏠 수도 있겠다.

〈이야기를 들으면서 딸이 그린 주인공들〉

〈이야기를 들으면서 딸이 그린 바람의 정령왕 실피드〉

하브루타
질문 육아

Part 3

열정

삶을 살아가는 원동력

　열정이란 단어는 저에게 평생 숙제 같은 단어입니다. 많은 사람이 열정을 가지라고 이야기하는데 '어떻게' 가져야 할지 잘 몰랐습니다. 이제는 조금씩 알게 되었습니다. 어린이 만화의 슬로건 같지만, 꿈과 용기를 가지면 열정이 생긴다는 것을요. 그래서 아이들에게 이야기해 주고 싶습니다. "꿈과 용기를 가진 너는 열정적인 아이란다."

－ 행복덩이 아빠

1.

꿈,
세상은 아름다워

이번 이야기는 엘리를 만나서 작은 꿈을 이룬 벨라가 미래에
대한 꿈을 생각해 보는 이야기입니다. 저는 종종 학부모님들에게
꿈이 뭐냐고 물어봅니다. 그럼 가끔 굳어버리는 학부모님이
계시죠. 아이들의 꿈만 생각하다가 내 꿈은 생각해 보지
못했다고요. 부모가 꿈을 꿔야 아이도 꿈을 꿉니다. 재미있게
세상을 살기 위해서는 꿈을 꾸는 것이 시작입니다. 우리 아이들이
많은 꿈을 꾸도록 더 많은 이야기를 해 주면 어떨까요?

블루드래곤의 시험을 무사히 마친 오토와 벨라는 드디어 엘프
의 숲에 다가갈 수 있었어. 숲으로 다가갔는데 나무 말고는 아무
것도 보이지 않았지. 그때였어. 나무 위에서 누군가가 '툭' 하고 떨
어져 내렸어. 바로 엘프 엘리였지.

"벨라. 고생 많았어요. 여기까지 오느라고 힘들었죠. 지금부터
는 제가 안내해 드릴게요."
"와, 엘리. 반가워요. 너무 반가워서 눈물이 나네요. 정말 많은
일이 있었거든요."

하브루타
질문 육아

벨라는 엘프의 숲으로 오면서 겪었던 다양한 경험들이 생각났어. 중급 바람의 정령인 슈리엘을 부르기 위해서 공부도 하고, 애완 거미인 타란도 만났고, 오토 왕자와 하늘을 나는 양탄자 아부부도 만났지. 그리고 숲에 들어오기 위해서 블루드래곤의 시험을 보면서 불의 정령왕 이프리트도 만났고 말이야. 물론 벨라는 불의 중급 정령 샐리온으로 알고 있지만.

"그런데 일행이 많네요. 소개해 주시겠어요?"
"아, 네. 엘리. 여기는 오토메이션 왕국의 오토 왕자님이시고요."
"엘프 엘리. 만나서 반갑습니다."
"여기 보이는 정령은 바람의 중급 정령 슈리엘 님이에요."
"반갑습니다. 슈리엘 님."
"흠. 내가 고생 좀 했지."
"요것은 날 수 있는 양탄자 아부부에요."
"쿄쿄쿄. 아부부입니다."

그때 벨라의 주머니에서 검은 거미가 기어 나왔어.

"아, 애는 저와 친구가 된 타란이에요."
"키잉."
"오. 마물인데도 사람을 잘 따르네요. 신기해요."
"그죠?"

벨라의 소개를 들은 엘리는 숲을 쳐다보며 이야기했어.

"더 많은 이야기는 우리 집에 가서 해요."

그리고는 손을 하늘로 들어 올리고 마법의 언어를 외웠지.

"자연을 사랑하는 우리에게 바른길과 맑은 공기 그리고 푸른
하늘을 보여 주길. 엘브하임!"

그러자 나무숲이 두 갈래로 갈라지기 시작했어. 그리고 그 앞
에는 아름다운 엘프 마을이 나타났지. 숲 입구에는 넓은 꽃밭이
펼쳐져 있고 꽃들 사이로 작은 요정들이 나비처럼 날아다니고 있
었어. 파란 하늘에서는 따사로운 빛이 내리쬐었고, 숲 사이사이
에 커다란 나무들이 있었어. 나무들을 자세히 보니 높은 가지 중
간에 큰 버섯들이 보였어.

엘리는 오토와 벨라를 커다란 나무 중 하나로 데리고 갔어. 그
리고는 펄쩍 뛰어서 나무 중간에 있는 버섯으로 올라갔지. 버섯
에는 창문이 있었고 문도 있었어.

"엘리 님. 그 버섯은 뭔가요?"
"아, 이 버섯은 하우스 버섯이라고 해요. 나무 사이에서 크게
자라서 우리가 집으로 사용하고 있어요. 어서 올라오세요."

오토와 벨라는 아부부에 올라타서 버섯 집으로 나아갔지. 버섯 집에서 바라보는 풍경은 너무 아름다웠어. 나무 사이로 빛이 강물처럼 흘러갔어. 시원한 바람과 날아다니는 요정들이 너무 평화로웠지.

그때 엘리가 물어봤어.

"벨라는 꿈이 있나요?"

"네? 꿈이요? 음. 엘리를 만나는 것이 우선 꿈이었는데 지금 이뤘네요. 헤헤."

"그럼 다음 꿈은 뭔가요?"

"음. 아직 생각해 보지 못했어요."

"우리 엘프들은 원래 이 숲에서 살고 있지 않았답니다. 이 세계 곳곳에서 각자 살아가다 보니 힘이 없는 종족이었지요. 그러던 어느 날 우리는 꿈을 꾸기 시작했답니다. 우리가 하나로 모여서 왕국을 만들자고요. 여기 엘브하임은 엘프의 왕국을 만들기 위한 우리의 꿈이 모인 곳이랍니다."

"우와, 대단해요. 꿈을 꿔서 이렇게 멋진 마을을 만들다니요."

"벨라도 원하는 것이 있다면 꿈을 한번 꿔 보세요. 꿈을 꾸는 것부터가 원하는 것을 이루어 가는 시작이니까요."

"네, 저도 오늘부터 고민해 볼게요."

"아, 우선 들어오세요. 제가 사는 버섯 집이에요."

오토와 벨라는 엘리의 안내로 버섯 집으로 들어갔어. 버섯 집 가운데는 동그란 탁자가 있었고. 창문 밑에는 예쁜 침대가 있었어. 그리고 간단한 살림 도구들이 있는 작은집이었지.

"우리는 자연에서 먹는 것과 입는 것을 다 구하기 때문에 집에는 간단한 것밖에 없답니다. 우선 여기 탁자에 앉으세요."

오토와 벨라가 탁자에 앉자 엘리는 엘프 마을에서 나오는 달콤한 차를 건네주었어. 과일과 함께 말이야. 마물 거미 타란에게도 달콤한 과일을 주었지. 바람의 중급 정령 슈리엘은 오랜만에 상쾌한 곳에 왔다고 산책하러 나갔고, 마법의 양탄자 아부부는 피곤했는지 구석에 펼쳐져서 꾸벅꾸벅 졸았어.

오토와 벨라 그리고 엘리는 그간의 이야기를 오랫동안 나누었어. 그러면서 벨라는 생각했지. '내 꿈은 무얼까?' 하고 말이야.

To be continued.

👤 : 딸, 요새 가장 하고 싶은 일이 뭐야?

👧 : 외국 여러 나라의 곳곳을 구경하고 싶어.

👤 : 그중에서 어디에 가고 싶은데?

👧 : 케냐, 캐나다, 뉴질랜드, 방글라데시.

하브루타
질문 육아

: 장난감을 매일 매일 사는 거. 그리고 우리가 다른 나라를 정복했으면 좋겠어.

: 정복? 멋진데. 야들 힘이 세져야겠구나.

: 엘프 집에서 쉬야는 어디서 하는 거야?

: 엘프의 쉬야는 좋은 성분이 있어서 아무 데나 해도 되는 거야.

: 더러워. 아마 밖에 화장실이 있을 거야.

: 너희들의 꿈은 뭐야?

: 괴물을 사냥해서 먹어 보는 것이 꿈이야. 괴물 고기가 얼마나 질긴지 한번 보고 싶어.

: 수영 선수가 돼서 메달을 따서 그 메달을 못사는 사람에게 주고 싶어.

: 이야. 아깝지 않을까?

: 괜찮아. 우리는 잘살잖아.

: 호야(인형)의 꿈은 크게 으르렁댈 수 있는 큰 호랑이가 되는 거야.

: 도구들은 어떻게 만들었을까?

: 나무로 만들겠지?

: 프라이팬은?

: 나무로 만들겠지.

: 나무는 타지 않을까?

🙂 : 정령의 돌멩이로 프라이팬을 만들었나?

🙂 : 침대는 어떻게 만들까?

🙂 : 나뭇잎이지.

🙂 : 나도 그런 거 같아.

2.

도전,
꿈과 함께 시작이다

 도전은 어떻게 해야 하는 걸까요? 도전하고 싶다면 꿈이 있어야
합니다. 꿈이 뭔지 생각해 보고 어떻게 이룰지 생각해 본 후에
꼬리를 물어서 구체적으로 발견해야 합니다. 막연한 꿈은 이루기
어렵습니다. 꿈을 이루려는 방법을 찾아서 세분화하고 세분화한
것을 하나씩 도전한다면 꿈을 이루겠지요. 우리 아이들이 꿈을
이루기 위해 생각하고 도전하는 삶을 살기를 너무나 소망합니다.

 엘프의 숲에서 지낸 며칠은 꿈과 같았어. 엘프들은 친절했고,
자연이 주는 싱그러움은 마음을 편하게 해 주었지. 고기를 못 먹
어서 그렇지, 과일과 각종 채소로 항상 배가 불렀어. 꼭 건강해지
는 느낌이었지.

 엘프의 숲에서 벨라는 꿈에 대해서 생각해 봤어. 벨라가 원하
는 것이 무엇인지 말이야. 사실 벨라의 가장 큰 꿈은 부모님과 함
께 행복하게 사는 것이었어. 하지만, 돌아가신 부모님을 다시 살
아나게 할 수는 없으니 계속 고민한 거야.

며칠을 고민한 끝에 벨라는 하고 싶은 일을 찾았어. 부모님이 없다면, 가족을 만들고 싶다고. 가족을 만들어서 벨라의 집에서 함께 행복하게 살고 싶다고 말이야.

지금 벨라의 가족이 누가 있는지 생각해 봤어.

"음. 내가 가족이라고 생각할 만한 것들은, 음, 타란. 그래, 거미 타란이 있었네. 그리고 정령들. 실프랑 슈리엘, 노움, 샐러맨더, 운디네가 있네. 다른 정령들을 더 부를 수 있을까?"

벨라는 생각을 했어. 그러자 생각이 꼬리를 계속 물었지. 이렇게 말이야.

'행복하게 살고 싶어. 누구랑 살까? 가족이랑 살고 싶어. 부모님은 없는데. 내 가족은 누가 있지? 거미 타란이랑 정령들이 있네. 어디서 살지? 내가 살던 오두막에서 살고 싶어. 오두막이 좁을 텐데. 그럼 오두막 주변에 정령들의 마을을 만들면 어떨까? 그럼 엘프의 숲처럼 정령의 숲을 만들어 볼까? 그래, 정령들과 함께 살수 있는 숲을 만들자. 그게 내 꿈이 될 것 같아. 그럼 무엇부터 해야 하지? 정령술을 더 강하게 해야 하고. 음. 정령들이 살만한 숲을 알아봐야겠네.'

생각을 정리한 벨라는 엘프 엘리와 오토 왕자에게 자신의 꿈에

하브루타
질문 육아

관해서 이야기했어. 엘리는 꿈을 찾은 벨라를 보고 흐뭇하게 쳐다봤고, 오토 왕자는 고민하는 표정을 지었어.

"왕자님. 왜 그러세요. 제 꿈이 좀 이상한가요?"

벨라는 오토 왕자에게 물어봤어.

"아니란다. 정령의 숲을 만들려면 숲이 있어야 하는데, 어디가 좋을까 하고 생각해 봤단다. 이번에 괴물들하고 싸웠던 어둠의 숲 근처에 조용한 숲이 있기는 한데, 두 가지 문제가 있는 것 같아서 말이다."

"어떤 문제인데요."

"첫 번째는 어둠의 숲하고 가까워서 괴물들이 괴롭히지 않을까 하는 문제가 있고, 두 번째는 왕국의 허락이 떨어져야 하는데 왕국에서 숲이나 땅을 벨라에게 맡기려면 벨라 네가 왕국을 위해서 공헌을 해야 한단다."

"아, 그렇군요."

오토와 벨라의 이야기를 듣고 있던 엘리가 물어봤어.

"그럼 벨라가 정령술을 더욱 강하게 익히고, 왕국을 위해서 봉사하면 어떨까요?"

"그것도 좋은 생각이지요. 아마 벨라의 정령술 실력이 높아지면 제가 아바마마께 의견을 드릴 수도 있을 것 같습니다."

벨라는 꿈을 다른 사람들과 함께 이야기하면서, 해야 할 일을 찾을 수가 있었어. 역시 꿈을 꾸는 것도 중요한데, 사람들과 함께 꿈을 이야기하는 것도 중요하네.

벨라는 수련을 떠나기로 했어. 우선 정령술에 대해서 알고 있는 대마법사 멀린을 만나러 가기로 했지. 어떻게 배워야 할지 모르니까 말이야.

벨라는 오랜만에 수정 구슬을 꺼냈어. 대마법사 멀린이 도움이 필요하면 언제든지 연락하라고 준 구슬이었지. 벨라가 수정 구슬을 쳐다보며 멀린을 생각하자 수정 구슬에 멀린의 얼굴이 나타났어. 그런데 멀린의 주변이 이상했어. 어둡기도 하고 붉은 불들로 둘러싸여 있었어.

"어, 대마법사님. 어떻게 되신 건가요?"
"오호. 오랜만이구나, 벨라. 웃차."

멀린은 화면에서 여기저기로 움직이면서 이야기했어.

"어둠의 숲 괴물들이 이상하다는 소문을 듣고 어둠의 숲에 왔다가 실수로 불의 동굴에 갇혔단다."

"헛, 어떡해요?"

"마침 연락 잘했구나. 네가 와서 동굴의 입구를 좀 열어 줄 수 있겠니? 여기는 불사조가 봉인된 동굴이라 내가 나가면 봉인된 불사조가 탈출할 것 같거든. 네가 와서 좀 도와다오."

"아. 제가 어떻게요? 할 수 있을지 잘 모르겠어요."

"너 아니면 도와줄 사람이 없단다. 용기를 가지거라. 용기를 가지고 도전하면 무엇이든지 할 수 있단다. 웃차."

자세히 보니 멀린은 여기저기로 불덩이를 피하고 있었어.

"저는 단지, 대마법사님에게 정령술을 배우고 싶었을 뿐인데요."

"네가 나를 구해야 가르쳐 주고 말고 할 것 아니냐. 꿈을 이루려거든 도전을 해야 한단다."

"네, 알겠습니다. 당장 떠나겠습니다."

"그래, 되도록 빨리 오거라. 불덩이 피하는 게 생각보다 힘들어. 웃차."

벨라는 수정 구슬을 끄고 오토 왕자를 찾았어. 오토 왕자에게 자초지종을 다 이야기했지.

"오. 이런 대마법사님이 위기에 처했다면 어서 가서 구조하자꾸나. 이번에 대마법사님을 구한다면 너는 왕국에 크나큰 공헌을 한 것이다. 이 기회에 너의 꿈을 또 하나 이룰 수 있을 것 같구나."

"네, 왕자님. 어서 떠나요."

"아부부, 어서 날아와라."

"넵, 왕자님. 이번에는 어디 가나요? 쿄쿄쿄."

"대마법사 멀린 님을 구하러 어둠의 숲으로 간다. 벨라, 어서 올라타라."

"넵. 출발!"

벨라와 오토 왕자는 마법의 양탄자 아부부를 타고 급하게 어둠의 숲을 향해서 날아갔어. 대마법사 멀린도 구하고 벨라의 꿈을 이루기 위한 도전을 하러 말이야.

To be continued.

🧑 : 불사조가 잠에서 깨면 어떻게 될까?

🧒 : 숲이 불바다가 되지 않을까?

🧒 : 불사조는 동굴에 있잖아.

🧒 : 언젠간 나오겠지.

🧒 : 멀린이 불사조를 못 나오게 동굴을 막고 있는 건 아닐까?

🧒 : 설마?

하브루타
질문 육아

: 그럴 수도 있겠네. 불사조는 지옥문을 열 수 있는 열쇠일 수도 있거든.

: 불사조를 봉인한 사람은 누굴까?

: 글쎄다.

: 나는 멀린 같아.

: 그럴 수도 있을 것 같네.

: 벨라가 원하는 숲은 어떻게 생겼을까?

: 나무 때문에 빛은 잘 안 들어오고, 나무가 무럭무럭 자라있을 것 같아.

: 땅은 어떤 거 같아?

: 벨라가 머릿속으로 생각하는 건, 초록빛 나뭇잎과 잘 들어오는 햇살 같은 느낌일 것 같아.

: 길도 잘 만들어져 있을 것 같아.

: 나무 위에 정령의 숲을 만들면 안 될까?

: 그렇게 해도 되겠구나.

: 나무에 구멍 파서 만들면 안 되나?

: 아, 그래. 나무 안에서 살아도 되긴 하겠다. 그치?

: 벨라는 꿈을 이루기 위해서 무엇을 했을까?

: 열심히 일해서 돈을 받았을 것 같아.

: 멀린을 구하러 갔지.

: 멀린을 구하러 가는 건 힘들까?

: 힘들겠지. 왜냐하면, 험한 길을 가야 하니까.

: 동굴의 문을 어떻게 여는지 모르잖아. 힘들 거 같아.

하브루타
질문 육아

3.

용기,
너는 진정 용감한 아이야

호랑이에게 물려가도 정신만 차리면 산다는 속담은 아이들도 다 알고 있습니다. 살면서 어려운 일들이 참 많습니다. 그때마다 당황하면 해결이 되지 않죠. 아이들이 어려운 일들이 생길 때, 당황하지 말고 용기를 가지고 극복하길 바라는 마음에 이 글을 썼습니다. 용기, 어려운 단어입니다. 저는 용기를 냉철한 지성이라고 이야기하고 싶네요. 정신 차리면 살 수 있으니까요.

슈우우우웅~

"왕자님, 저기 어둠의 숲이 보입니다요. 쿄쿄쿄."

"오, 빨리 왔구나. 벨라야. 대마법사 멀린 님이 알려준 장소가 어디냐?"

"음, 저기 두 개의 큰 산 가운데에 폭포가 있고 뒤쪽에 동굴이 있다고 했어요."

"아부부, 저기로 어서 가자."

"네. 쿄쿄쿄."

두 개의 큰 산 사이에는 정말로 커다란 폭포가 있었지, 오토와 벨라는 어떻게 폭포를 통과할까 고민하다가 그냥 아부부를 타고 통과하기로 했어.

"아부부, 힘차게 날아가는 거다."
"맡겨만 주세요. 쿄쿄쿄."

아부부가 힘차게 폭포를 향해서 날아갔어. 폭포에 닿는 순간, 아부부와 오토, 벨라는 폭포와 함께 폭포 밑으로 떨어져 버렸어. 사실 폭포에는 마법이 걸려있었어. 마법의 물질은 전부 튕겨버리는 마법이지. 하늘을 나는 양탄자 아부부는 마법으로 만든 것이기 때문에 폭포가 아부부를 튕겨 버린 거야.

어떡해. 모두 커다란 강에 빠져서 빠르게 흘러가기 시작했어.

"어푸. 어푸. 헉헉."

다행히 벨라는 수영을 해서 강가로 나올 수 있었어. 오토 왕자와 아부부는 어디론가 사라졌지. 숨을 고른 벨라는 미친 듯이 강가를 뒤졌어. 오토 왕자와 아부부를 찾으려고 말이야. 결국, 벨라는 오토 왕자와 아부부를 찾지 못했어. 힘들어서 바위에 앉으니 해가 산 너머로 지기 시작했어. 원래 산속에서는 해가 빨리 지거든.

"아우우우…."

"부엉. 부엉."

해가 지자 산에서는 다양한 소리가 들렸는데 그 소리를 듣자 벨라는 너무 무서웠어. 무서워서 아무것도 할 수가 없었지. 심지어는 정령들을 부를 생각도 못 했어. 벨라는 몸이 마구 떨렸어. 그리고 눈물이 났지. 엄마가 너무 보고 싶었어.

그때였어! 갑자기 늑대 울음소리가 가까이에서 들리기 시작했어.

"아우우우…."

벨라는 깜짝 놀라서 뒤를 돌아봤어. 벨라의 등 뒤에는 늑대 세 마리, 아니, 자세히 보니 저 뒤에 두 마리가 더 있었어. 늑대 다섯 마리가 천천히 벨라에게 다가오고 있었지. 벨라는 너무 무서워서 조금씩 뒷걸음질 쳤어. 조금씩, 조금씩, 그러다가 갑자기 앞에 있던 늑대가 소리를 지르며 벨라에게 달려들었어. 어떡해. 벨라가 늑대에게 잡아먹히겠어.

벨라가 깜짝 놀라 눈을 감고 도와달라고, 살려달라고 기도를 했어. 그러자 벨라의 목에 있던 블랙스완의 펜던트가 빛을 내기 시작했어. 그러더니 폭탄이 터지듯 커다란 빛을 뿌렸지.

갑작스러운 큰 빛에 늑대들은 깜짝 놀라 도망가 버렸어. 벨라는 조심스레 눈을 떴어. 그러자 빛 사이에서 희미한 무언가 보였지. 백조 같은 모습이기도 하고 사람 같기도 했어. 그 빛은 벨라에게 조용히 이야기했어.

"용. 기. 를. 내. 렴."
"허헉, 누, 누구세요."

벨라는 깜짝 놀라 물어봤지만, 빛은 금방 사라졌어. 용기를 내라는 말 한마디만 남기고 말이야. 주변에 늑대가 사라지자 벨라는 정신을 차렸어. 빛이 이야기해 준 용기를 내라는 말에 갑자기 힘이 나기 시작했지.

'맞아, 용기를 내야 해. 나는 힘이 있어. 나를 잊으면 안 돼!'
"샐러맨더, 나와 줘."

벨라는 샐러맨더를 불러서 우선 주위를 밝혔어. 너무 무서워서 정령을 부를 생각도 못 했는데 갑자기 생긴 용기에 드디어 정신을 차린 거지. 주위가 밝아지자 벨라는 하나씩 생각을 하게 되었어. 우선 불빛을 통해서 주위를 보니 바로 옆에 커다란 바위가 있고 사람이 누울 만한 공간이 보였어.

"노움, 나와서 벽을 하나 만들어줘."

벨라는 노움을 불러서 흙벽을 만들었어. 또다시 늑대가 와도 숨을 수 있는 공간을 만든 거지.

"실프, 슈리엘. 나와서 좀 도와주세요."

휘이이이~

"오, 벨라. 무슨 일이야."

바람과 함께 바람의 중급 정령 슈리엘이 나타났어.

"슈리엘. 와 줘서 고마워요. 오토 왕자와 아부부를 찾아 주실 수 있을까요?"

벨라는 슈리엘에게 폭포에서의 일을 이야기하고 오토 왕자와 아부부를 찾아달라고 부탁했어. 슈리엘은 중급 바람의 정령이라서 100명의 실프를 움직일 수 있었지. 그래서 벨라의 부탁을 받고 실프 100명을 찾도록 보냈어.

그런데 마침 오토도 펜던트의 큰 빛을 보고 달려오고 있었어. 오토 왕자를 발견한 실프들은 오토 왕자의 코를 간질이고 머리카락을 당기면서 벨라에게 안내를 했어.

벨라를 만난 오토 왕자는 물에 빠진 생쥐 같은 몰골이었어. 벨라는 노움이 만든 벽 안쪽에서 샐러맨더를 불러 오토 왕자의 몸을 말려 주었지. 다행히 오토 왕자와 벨라는 크게 다친 곳이 없었어.

벨라는 펜던트 덕분에 무서움을 이기고 용기를 내서 오토 왕자를 찾을 수 있었어. 무섭고, 힘들고, 어려울 때 용기를 내면 정신을 차릴 수 있는 것 같아. 호랑이에게 물려가도 정신만 차리면 산다는 속담도 있으니까 말이야. 그런데 아부부는 어떻게 되었을까? 벨라와 오토가 용기를 내서 아마 찾지 않을까 싶네. 이제 둘다 정신을 차렸을 테니까 말이야.

To be continued.

🧒 : **아부부는 어떻게 되었을까?**

🧑 : 어떻게 되었을 것 같아?

🧒 : 아부부는 물에 가라앉았을 것 같아. 아부부는 천이라서 젖으면 무거워지니까.

🧑 : 아, 그렇구나! 천은 물에 젖으니까 그럴 수도 있겠네.

👧 : 물에 휩쓸려 갔을 것 같아.

🧑 : 왜?

👧 : 물에 빠졌으니까 계속 휩쓸려 가겠지. 그리고 폭포 부근에 다시 왔

하브루타
질문 육아

다가 멀린을 만날 것 같아.

🧑‍🦰 : 아부부는 어디까지 갔을까?

🧑 : 지구를 한 바퀴 돈 거 아니야?

🧑‍🦰 : 그 정도는 아닌 거 같아. 지구 반 바퀴를 돈 것 같아.

🧑 : 왜?

🧑‍🦰 : 내가 퀴즈 프로그램에서 들었는데. 평생을 걸으면 지구 한 바퀴를 걸을 수 있대. 그래서 지구 한 바퀴를 돌면 벨라와 오토는 이미 늙었을 것 같아.

🧑 : 벨라는 어떤 용기를 보인 걸까?

🧑 : 도와주는 용기!

🧑 : 어떤 도와주는 용기?

🧑 : 사람들을 도와주는 용기.

🧑 : 어떻게 도와줬는데?

🧑 : 정령들로 오토를 도와줬잖아.

🧑‍🦰 : 늑대들을 무찌른 용기를 보여 준 것 같아.

🐺 : 그렇구나. 사람도 도와주고 늑대도 무찌르고, 벨라가 정말 용기가 있네.

🧑 : 너희들은 용기를 냈던 경험이 있어?

🧑‍🦰, 🧑 : 라이드 탈 때!

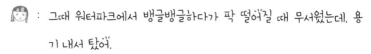

: 그때 워터파크에서 뱅글뱅글하다가 팍 떨어질 때 무서웠는데. 용기 내서 탔어.

: 나는 슬라이드 입장할 때가 가장 무서웠어.

: 그럼 어떻게 이겨냈어?

: 그냥 재미로 이겨냈는데.

: 소리 지르고 이겨냈어. 소리 지르고 그러니까 좀 괜찮아지더라고.

4.

모험,
세상은 재미있다

아이들이 어려서는 쉽게 도전하던 일들을 조금씩 커 가면서 쑥스러워하거나 무서워하더군요. 어른도 마찬가지겠지요. 도전과 모험이 무서워서 모험 이후의 즐거움을 잊고 살아갑니다. 어린아이들이 더 많은 모험을 하고 모험을 통해서 즐거움과 재미를 느꼈으면 좋겠습니다. 세상을 살면서 할까, 말까 고민이 되면 해 보라는 말이 있습니다. 아이들이 모험을 할까 말까 고민이 된다면 해 보라는 이야기를 해 주고 싶습니다. 아직 어리니 다양한 경험을 즐겁게 하기를 바라는 마음입니다.

다음 날 아침이 밝았어. 오토와 벨라는 기지개를 피면서 일어났지.

"우아아. 아고고. 몸이 다 쑤시네."
"왕자님, 몸은 괜찮으신가요?"
"응. 이 정도면 괜찮은 것 같은데. 우리 어서 아부부를 찾아보자고."
"네. 안 그래도 어젯밤에 실프들이 아부부를 찾았대요. 어서

가 봐요."

"그러자꾸나. 어서 출발하자."

"실프. 아부부에게 안내해 줘."

벨라는 실프들에게 마법의 양탄자 아부부가 있는 곳으로 안내를 부탁했어. 그리고 벨라와 오토는 열심히 실프의 뒤를 쫓아갔지.

한참을 가다가 큰 문제가 생겼어. 실프들은 하늘을 날기 때문에 계곡이나 웅덩이, 절벽 같은 곳을 지나가는 데 문제가 없는데 오토와 벨라는 실프를 쫓아가다가 완전히 뻗어 버렸지 뭐야.

"헉헉. 왕자님. 아부부 찾아가기가 너무 힘이 드네요."

"그러게 말이다. 벨라. 우리 좋은 방법을 찾아야겠다."

그때였어. 앞쪽에 커다란 덤불 숲이 바스락거리면서 움직이기 시작했지. 오토와 벨라는 긴장했어. 혹시 호랑이 같은 맹수나 괴물이 나타날까 봐서 말이야.

차악, 차악, 척.

"아이고, 간신히 빠져나왔네. 어, 사람이 있네?"

"앗, 존스 아저씨?"

"오, 오토 왕자님 아닙니까? 여기는 어쩐 일이세요?"

덤불에서 나온 사람은 모험가 인디오나 존스 아저씨였어. 오토와 벨라는 모험가 존스 아저씨에게 그간의 사정을 알려주었지.

"오호, 왕자님과 여기 아가씨도 이제 모험가가 되었군요. 모험한다는 것은 재미있지요."
"존스 아저씨. 저쪽으로 갈 좋은 방법이 있을까요?"
"그럼요. 저, 나름대로 유명한 모험가 인디오나 존스입니다. 어디 좀 봅시다. 저쪽이면 북동쪽이네요. 자, 간만에 제 보물을 꺼내 볼까요?"

존스 아저씨는 가방에서 커다란 종이를 한 장 꺼냈는데 종이에는 아무것도 적혀 있지 않았어. 모험가 존스 아저씨가 벨라에게 이야기했어.

"벨라라고 했나요? 실프라는 정령이 길을 알고 있다고 했죠? 실프에게 여기 종이 위에 아부부가 있는 곳까지 어떻게 생겼는지 한번 날아가 보라고 하세요."
"네? 알겠습니다. 실프. 여기 종이 끝에서 아부부가 있는 곳이라고 생각하는 곳까지 한번 날아가 봐."

실프가 종이 위를 날아가자 종이에 계곡이 그려지고 절벽이 그려졌어. 그리고 길도 보이고 숲도 보이기 시작했지. 지도에 실프가 본 광경이 그대로 그려진 것이었어.

"이건 존스의 마법 지도랍니다. 하하. 자, 지도를 보니 이쪽으로 가면 되겠네요. 어서 출발합시다."

모험가 존스 아저씨가 앞장서서 걸어가기 시작했어. 역시 모험가는 다른가 봐. 오토와 벨라는 한참 헤맸는데, 아저씨와 함께했더니 1시간 만에 아부부가 있는 곳을 발견했지 뭐야.

아부부는 나무에 걸려있었는데 나무 주변에는 괴물 원숭이들이 모여 있었어. 원숭이들이 물속에서 아부부를 건져서 나무에 걸어 놓은 것 같아. 괴물 원숭이들은 키가 2미터가 넘고 힘이 세서 나무 한 그루는 주먹으로 그냥 부술 수 있었지. 한두 마리면 오토 왕자가 칼로 싸울 수 있지만, 10마리가 넘게 모여 있어서 싸울 수 없었어.

벨라가 걱정스럽게 이야기했어.

"이런, 아부부를 어떻게 구하죠?"
"흠. 잠깐만 기다려 보세요. 생각 좀 해 보고요."

모험가 존스 아저씨는 잠시 생각하다가 가방을 뒤졌어. 그리고는 작은 피리를 하나 찾아서 꺼냈지.

"그래. 여기 있네요. 벨라. 이걸 실프에게 부탁해서 숲 저 멀리서 불게 할 수 있을까요? 이 피리는 지난번 모험 때 원숭이 동굴에서 찾은 건데, 이걸 불면 원숭이들이 쫓아오더군요. 아마 괴물 원숭이들에게도 잘 먹힐 겁니다."
"와. 알겠습니다, 아저씨."

벨라는 실프에게 피리를 건네주며 부탁했어. 실프는 '슈우우' 하고 숲 반대편으로 날아가더니 "삐익!" 하고 피리에 바람을 불었어. 그러자 갑자기 괴물 원숭이들이 "우캬캬캬!" 하는 소리를 내면서 나무를 뛰어넘으며 소리 나는 곳으로 달려갔어.

"자, 여러분. 이때입니다. 어서요. 괴물 원숭이들이 금방 쫓아올 겁니다. 서둘러요!"

모험가 존스는 오토와 벨라에게 소리치며 나무 위에 있는 아부부에게로 올라갔지. 오토와 벨라도 서둘러 올라가서 마법 양탄자 아부부를 흔들었어.

"아우우웅. 무슨 일이냐고요."

아부부는 부스스하면서 깨어났어. 그때였어. 저 뒤쪽에서 괴물 원숭이 소리가 들려왔어.

"우캬캬캬. 우꺄."
"아부부, 정신 차려! 날아올라!"
"예? 왜요?"
"시끄럽고, 어서 날아."

그때 바로 뒤에서 괴물 원숭이들이 뛰어들었어. 아부부는 정신 없는 가운데 존스, 오토, 벨라를 태우고 날아올랐어. 괴물 원숭이 한 마리가 아부부의 꼬리를 잡았어.

"우캬캬캬."
"떨어져, 이얏."

오토가 발로 괴물 원숭이의 머리를 차자, 원숭이가 날아가서 나무에 떨어졌지.

"오쿄쿄. 이거 무슨 일인가요?"

아부부가 물어보자 오토와 벨라가 여태까지의 상황을 이야기했어. 아부부는 깜짝 놀랐어. 괴물 원숭이의 이불이 될 뻔한 거잖아.

하브루타
질문 육아

"자, 왕자님이 왔던 폭포는 저쪽입니다. 아부부, 저리로 날아가라."

"넵! 존스 님. 쿄쿄쿄."

힘든 모험 이후에 시원하게 폭포를 향해 날아가니 기분이 상쾌했어. 벨라는 뒤를 돌아봤어. 괴물 원숭이가 여전히 무서웠지만, 길을 찾고, 아부부를 구하는 과정이 왠지 뿌듯했어. 모험이 조금은 재미있었던 것 같아. 오토와 벨라 그리고 모험가 존스는 아부부를 타고 대마법사 멀린을 구하러 다시 폭포로 날아갔어.

To be continued.

: 멀린은 어떻게 찾을까?

: 물 안에 들어가서 돌멩이를 든 다음에 폭포의 산을 부수고 들어가면 어때?

: 폭포 옆에 틈이 있을 거잖아. 그 틈으로 들어가면 되잖아!

: 폭포 안쪽에 멀린이 있으면, 멀린이 불사조의 불을 폭포 밖으로 내보내면 되지 않을까?

: 좋은 생각인 것 같아.

: 왜 좋은 생각인 것 같아?

: 불사조는 불덩이잖아. 그럼 물을 집어넣으면 끝나지 않나?

🙂 : 불사조의 불은 특수해서 못 끌 것 같아. 어떻게 해야 할까?

👧 : 초콜릿을 먹이면 되지 않을까? 초콜릿을 먹으면 동물이 죽거든.

🙂 : 어디서 들었어?

👧 : EBS에서 봤어. 고양이가 초콜릿을 먹으면 죽는대.

🙂 : 신기하네.

🙂 : **최근에 했던 모험이 무엇이 있을까?**

🧑 : 워터파크!

🙂 : 어떤 모험을 했는데?

🧑 : 미끄럼틀 타는 모험!

👧 : 바다 모험!

🙂 : 바다? 언제, 어떤 모험을 했는데?

👧 : 바다가 보이는 카페에서 3층을 이리저리 탐험했잖아. 그런 게 다 모험이지.

5.

지혜,
세상을 현명하게 살아가는 방법

　　메타인지라는 것이 있습니다. 내가 무엇을 하는지 정확하게 알고 있는 것이 메타인지입니다. 이런 메타인지를 저는 지혜라고 생각합니다. 지식은 단순히 알고 있는 것이고 지혜는 지식을 어떻게 활용할지 아는 것이지요. 내가 배운 지식을 지혜로 바꾸는 방법은 실제로 해 보는 것이 가장 좋습니다. 그 와중에 질문하고 이야기하며 의견을 공유하는 과정을 가진다면 더욱 완벽한 방법이 되겠지요. 사람은 듣기만 하면 5%밖에 기억을 못 하지만, 서로 설명하게 되면 90% 이상을 기억한다고 합니다. 우리 아이들이 단순 지식이 아닌 질문과 이야기를 통해서 경험한 것들을 지혜로 만들기를 바라면서 이번 글을 썼습니다.

　　아부부는 금방 폭포 앞에 도착했어. 오토와 벨라는 살짝 무서웠지. 폭포 안쪽으로 들어가려다가 고생했거든. 그때 모험가 존스가 이야기했어.

"아부부. 폭포 주변을 날아봐라."
"네? 저기…. 무서워서요. 쿄쿄쿄."

"잔말 말고 한번 돌아봐 봐. 들어갈 만한 구멍이 있는지 찾아보게."

모험가 존스는 무언가를 찾는 데 선수였거든. 오랫동안 모험을 했으니까 말이야. 아부부는 폭포 주변을 뱅글뱅글 돌았어. 그동안 존스는 뚫어지게 폭포를 쳐다봤지.

"찾았다. 저기야. 저기 폭포 사이에 보면 검은 부분이 있지? 저기가 동굴의 입구야. 자세히 보면 알 수 있어!"
"어, 그러네요. 어떻게 저기를 찾았나요?

오토와 벨라는 동시에 소리쳤어.

"오랫동안 모험을 경험했으니까요. 경험이 지식이 되고 지혜가 되어 가는 거죠. 하하하."

모험가 인디오나 존스 아저씨는 가슴을 펴고 호탕하게 웃었어. 오토는 아부부에게 이야기했어.

"아부부, 저기로 들어가 봐!"
"잠깐, 저곳은 빠르고 정확하게 지나가야 해. 폭포의 물살이 강하기도 하지만, 저기만 마법의 힘이 없거든. 자, 모두 양탄자를 꽉

하브루타
질문 육아

잡으라고."

존스 아저씨가 주의사항을 이야기해 주자 오토와 벨라는 양탄자를 꽉 잡았어. 아부부는 최대속력으로 폭포의 검은 부분으로 날아갔지.

푸아아악! 쿠당탕탕!

"아푸푸…."

일행은 폭포를 뚫고 날아들어 갔어. 그리고 갑작스럽게 나타난 동굴에 놀라서 동굴 바닥을 굴렀지.

"다들 괜찮나요?"
"퉤퉤. 네, 존스 아저씨."
"자, 지금부터 모두 제 뒤를 잘 따라와야 합니다. 이런 곳은 함정이 엄청 많거든요."
"네! 알겠습니다."

오토와 벨라는 존스 아저씨의 뒤에 바짝 섰고, 마법 양탄자 아부부는 그 뒤로 슬금슬금 떠올랐어. 그때 오토가 허리에서 손바닥만 한 상자를 꺼냈어. 그리고 빨간색 버튼을 눌렀어. 그러자 작은 상자가 사람만 한 크기로 커졌지 뭐야.

위이이잉. 칙. 위이이잉. 척.

"어, 왕자님. 이게 뭔가요?"
"위기관리 상자야. 왕국의 군인들이 위험에 처하면 사용하라고 지급하는 거지."

오토가 상자를 보여 줬어. 그 안에는 식량, 플래시, 무기, 약품들이 가득 들어 있었지. 우선 오토 왕자는 플래시와 칼을 꺼내서 존스와 벨라에게 하나씩 주었어.

"자, 이것들을 쓰라고."
"오, 왕자님. 멋지시군요. 그럼 지금부터 함정에 대해서 자세히 설명해 드릴게요."

모험가 존스는 플래시를 바닥과 벽에 비추면서 주변과 다른 부분에 관해서 설명해 주었고, 벽에 그려져 있는 그림에 대해서도 설명해 주면서 앞으로 나갔지. 조금씩, 조금씩 앞으로 가는데 날아가던 아부부가 천정에 있던 보석에 부딪혔어. 그러자 갑자기 땅이 지진이 나듯이 울렁거렸어.

하브루타
질문 육아

"어, 이거 왜 이래? 우아아아아."

오토와 벨라가 갑자기 땅속으로 사라져버렸어.

쿵!

"아고고…. 왕자님 괜찮으세요?"
"응. 네가 내 허리 위에서 일어나면 더 괜찮겠다."
"앗, 죄송해요."

오토와 벨라는 아부부가 함정 보석을 누르는 바람에 지하 함정에 빠져 버렸어. 잠시 침묵하는 시간이 지나고 오토와 벨라는 서로 이야기하기 시작했어. 어떻게 함정을 빠져나갈까 하고 말이야. 벨라가 이야기했어.

"왕자님. 아까 존스 아저씨가 함정을 발견했던 거 기억나시나요?"
"아, 그렇지. 주변의 다른 부분을 살펴보고 조심하라고 했지."

오토와 벨라는 서로 보았던 것을 이야기하고 토론하기 시작했어. 그리고 지하 함정을 한 걸음씩 나가기 시작했지. 어려운 부분이 나타나면 서로 물어보고 상의하면서 한 걸음씩 나아갔어. 역시 배운 것을 가장 잘 알게 되는 것은 서로 이야기면서 해 봐야 해!

한참을 가다가 위로 올라가는 갈림길이 나타났어. 주변에서 어떤 다른 점도 찾을 수 없었지. 그때였어.

"키잉. 키잉."

벨라의 가방에서 애완 거미 타란이 튀어나왔어. 마치 스파이더맨처럼 벽에 거미줄을 쏘면서 말이야. 그리고 오른쪽에 있는 동굴로 날아갔어.

"엇, 타란. 어디가?"
"흠. 벨라야. 아무래도 저쪽이 길인 듯하다. 곤충이나 동물들은 본능적으로 아는 것들이 많거든."
"만약에 입구가 아니면 어떡하죠?"
"흠. 너의 정령 친구들을 불러서 입구가 맞는지 알아보면 어떻겠느냐?"
"아. 그러네요. 슈리엘. 나와 줘요."

벨라는 바람의 중급 정령 슈리엘을 불러서 오른쪽 입구를 확인했는데, 역시 위로 가는 길이 맞았어. 갑작스럽게 함정에 빠져서 정령을 부를 생각을 하지 못했는데 오토 왕자와 이야기하다가 알아챈 거지.

오토와 벨라는 오른쪽 계단 위로 올라갔어. 그리고 깜짝 놀랐어.

"오호. 오토 왕자님, 벨라. 잘 찾아왔군요. 허허."
"어, 어떻게 된 건가요?"

계단 위에는 작은 동굴이 있었는데, 대마법사 멀린과 모험가 존스가 돌로 만든 탁자와 의자에 앉아서 커피를 마시고 있지 뭐야.

"아. 왕자님을 찾으려고 길을 헤매다 보니 멀린 님을 만났지 뭡니까. 멀린 님에게 왕자님을 찾으러 가자고 하니 움직일 수 없는 상황이라고 해서, 함께 왕자님을 기다리고 있었지요."
"아니, 우리가 그렇게 고생했는데. 어휴. 네. 그럼 저도 커피 한 잔만 주세요."
"저도요. 저도요."
"어허. 안 됩니다.. 어린아이들에게 커피는 안 좋아요."
"믹스커피 맛있는데…"
"안 됩니다. 몸에 안 좋아요."

이렇게 오토와 벨라는 모험가 존스에게 배운 것들을 서로 이야기해 가면서 지하 동굴을 탈출할 수 있었어. 머릿속에 지혜를 넣는다는 것은 질문하고 서로 이야기해야 하는 것 같아. 그런데 커피는 마셨을까? 오렌지 주스를 마셨대.

To be continued.

: 왜 오토와 벨라는 서로 이야기를 했을까?

: 더 빨리 빠져나가려고.

: 이야기하면 빨리 빠져나갈 수 있어?

: 어.

: 어떻게?

: 궁리를 했으니까.

: 이야기하면 시간이 오래 걸리잖아.

: 그래도 둘이 싸우면서 탈출하지 못하는 것보다 이야기하는 게 훨씬 좋지.

: 타란은 어떻게 길을 알았을까?

: 딸은 어떻게 생각하는데?

: 거미의 털이 본능적으로 반응하나?

: 더듬이가 있어서 그런 거 아닌가?

: 동굴은 어떻게 빠져나가야 해?

: 밧줄을 이용하거나 야부부를 타고 탈출하면 되지 않을까?

: 물이 있어서 못 나가는 거 아냐?

: 실프를 불러서 물을 날려버리면 돼.

: 출구도 함정이 있을 수 있잖아.

: 무슨 함정이 있을 것 같아?

: 나가려고 하면 불이 나오고 화살이 날아올 것 같아.

: 그럼 실프랑 운디네를 불러서 처리하면 되지.

6.

불안,
불안하면 준비하면 된다

예전에 읽었던 어떤 위인전이 있습니다. 정확하게 기억은 나지 않지만, 전쟁에 나가게 되는 겁쟁이 아이가 있었습니다. 전쟁터에 나가기 전에 자기 몸보다 큰 짐을 등에 메고 나갔지요. 많은 사람이 비웃었지만, 아이는 꿋꿋하게 전쟁터에 나가서 큰 공을 세웠습니다. 사람들이 물어봤습니다. 어떻게 잘할 수 있었냐고 말이죠. 그러자 아이가 말했습니다. "저는 겁쟁이입니다. 그래서 많은 준비를 합니다. 제가 했던 준비들이 전쟁에서 도움이 되었지요. 그래서 제 짐이 엄청 많았던 겁니다." 아이들에게 알려 주고 싶었습니다. 세상에는 두렵고 무서운 일들이 분명히 많습니다. 하지만, 생각하고 준비하고 또 생각하면 분명히 어려움을 다 헤쳐나갈 수 있다고 말이죠. 불안은 미리 준비하면 없앨 수 있습니다.

"멀린 님, 어떻게 여기에서 탈출할까요?"

"그러니까요. 멀린 님은 갇혀 있는 것 맞아요? 여유 있게 커피나 마시는 거 보니, 쉬는 것 같아요."

오토와 벨라는 대마법사 멀린에게 물어봤어. 아무리 봐도 동굴에 갇혀서 못 나가는 사람의 모습이 아니었거든.

"허허. 사실 무서워서 못 나가고 있었습니다. 왕자님. 제가 여기를 탐험하고 있었는데. 봉인된 불사조가 탈출하려고 하더군요. 그래서 마법으로 불사조가 동굴에서 나가지 못하게 막고 있었습니다. 지난번에 벨라와 통신할 때는 불사조를 봉인 중이었는데, 얼마나 화이어볼을 쏴대던지, 힘들었습니다. 허허. 아마, 불사조가 탈출하면 산 전체가 불타오를 겁니다."

"이런…. 그럼 우리도 불안해서 나갈 수가 없겠네요."

"허허…. 그러게요."

오토, 벨라, 대마법사 멀린 그리고 모험가 인디오나 존스는 불사조가 탈출해서 산과 마을이 불타오르는 모습을 상상하고 불안에 떨어야 했어. 네 명은 불안에서 도망가기 위해 머리를 맞대고 의논했어. 고민하다가 오토 왕자가 각자 할 수 있는 것들을 알아보기 시작했어.

"멀린 님. 얼마나 마법을 유지할 수 있나요?"

"음. 아마도 하루 정도일 것 같습니다. 제가 늙어서 이제 힘이 좀 부족하네요. 허허."

"벨라야. 너는 여기서 정령들을 부를 수 있니?"

"음. 제가 해 보니까 땅의 정령 노움하고 불의 정령 샐러맨더를

하브루타
질문 육아

부를 수 있어요. 이 안에는 바람하고 물이 거의 없네요."

"존스 아저씨. 혹시 여기서 빠져나가는 길을 찾을 수 있을까요?"

"흠. 한번 볼게요. 이건 써칭 나침반이라고 하는 건데요. 원하는 길을 가르쳐 주지요. 흠, 이거 보니 방향은 저쪽을 가리키네요."

사실 오토 왕자는 겁이 많아. 하지만, 아무도 오토 왕자가 겁이 많다는 것을 모르지. 왜냐하면 오토 왕자는 생각을 많이 하고 준비를 확실하게 하거든. 오토 왕자는 멀린, 존스, 벨라가 가진 힘을 알아봤고 한참을 생각했지. 어떻게 하면 불사조를 안전하게 봉인할지, 무엇으로 봉인할지 말이야. 한참을 생각하던 오토 왕자가 모험가 존스에게 이야기했어.

"존스 아저씨. 써칭 나침반으로 불사조의 위치를 찾을 수 있나요?"

"네, 왕자님. 방향 정도는 충분히 알 수 있습니다. 저쪽에 있다고 나오네요."

"흠. 벨라야. 노움을 불사조에게 보내서 불사조가 무엇을 하고 있는지 한번 알아봐 주겠니."

"넵, 왕자님! 노움, 부탁해."

벨라는 땅의 정령 노움에게 불사조의 상황을 알아보게 했어.

"왕자님. 불사조가 너무 뜨거워서 근처까지만 가 봤는데, 엄청 뜨거운 것이 점점 커지고 있다는데요."

"이런, 점점 커진다면 빨리 강한 봉인을 해야 할 텐데……."

오토는 동굴에서 죽게 될 것 같다는 두려움이 올라왔지만, 생각하는 것을 잊지 않았어. 생각을 멈추는 순간 무서움에 잡아먹힐 것 같았거든. 그때 벨라가 이야기했어.

"왕자님. 황당한 생각이기는 한데요. 아까 왕자님의 위기관리 상자에서 접착제를 본 것 같은데, 그걸로 땅을 단단하게 만들면 혹시 봉인이 더 세지지 않을까요?"

"하하하. 벨라 양. 바위나 흙을 접착제로 붙이는 것은 좀 어렵지 않을까요?"

"그렇죠? 존스 아저씨 말이 맞겠죠? 호호."

그때였어. 갑자기 오토의 머리가 번쩍였지.

"그래. 벨라. 좋은 생각이야. 그래. 그렇게 하면 되겠어."

오토는 위기관리 상자에서 파란 구슬 10개를 꺼냈어. 그리고 대마법사 멀린에게 물어봤지.

하브루타
질문 육아

"멀린 님. 마법으로 이 구슬을 깰 수 있지요?"

"여기 보이는 곳에서 말입니까?"

"아니요. 노움이 저쪽 중심부에다 구슬을 가져다가 놓으면요."

"흠. 위치 추적 마법을 붙여 놓으면 가능할 것 같습니다."

"그리고 그 위치에 압력 마법을 뿌릴 수 있나요?"

"아. 그렇지요. 그렇게 하면 되겠군요."

똑똑한 대마법사 멀린은 오토 왕자가 무엇을 하려고 하는지 이해했어. 벨라와 존스는 무슨 소리를 하는지 전혀 몰랐지. 물론 마법 양탄자 아부부는 아무 생각 없이 구석에서 졸고 있었어.

먼저 대마법사 멀린이 파란 구슬에 위치 추적 마법을 걸었어. 파란 구슬은 순간 냉동 구슬이라고 해서 사냥으로 얻은 고기가 상하지 않도록 순간적으로 얼게 만들어주는 구슬이야. 오토메이션 왕국의 특허품이지. 땅의 정령 노움이 불사조 근처까지 땅굴을 파고 가서 구슬을 불사조에게 던졌어. 그러자 멀린이 주문을 외웠지.

"미니 소닉 붐!"

팡! 팡! 팡!

10번의 '팡' 소리를 내면서 순간 냉동 구슬이 터졌고, 불사조의 열기를 급속으로 얼려 버렸어. 조금 지나자 얼음이 녹기 시작하고 불사조가 힘을 내기 시작했지. 그러자 동굴이 진동하기 시작했어. 그때 멀린이 주문을 한 번 더 외웠지.

"빅 프레스 존!"

그러자 신기하게 동굴의 진동이 멈췄어. 벨라가 물어봤지.

"오토 왕자님. 어떻게 한 거예요?"
"벨라 네가 이야기하지 않았느냐? 접착제로 단단하게 하면 어떻겠냐고?"
"그렇지요. 그렇지만, 순간 냉동 구슬은 접착제가 아니잖아요."
"하하. 불사조의 열기를 어떻게 할까 하고, 흙을 굳게 하려면 무엇이 필요할까를 생각해 봤지. 그러니까 생각나는 것이 물이더구나. 불사조를 우선 냉동 구슬로 얼려버리면, 불사조가 열을 내려고 하지 않겠니? 그럼 열기와 얼음이 만나 물이 생길 것이고, 그 물로 물렁물렁해진 동굴 흙을 확 뭉쳐버리면 다시 단단해지리라 생각했지."
"앗, 그러네요. 진흙을 손으로 뭉치면 단단해지듯이 말이죠?"
"하하. 그렇지. 너의 친구 노움하고 존스 아저씨의 써칭 나침판이 큰일을 했단다. 물론, 대마법사 멀린 님의 마법도 중요했지만 말이다.

하브루타
질문 육아

"허허. 역시 왕자님의 준비하고 생각하는 힘은 뛰어나시군요. 그럼 어서 이 답답한 곳을 나가 봅시다."

갑자기 벨라는 불안한 생각에 물어봤어.

"그런데, 불사조가 다시 봉인된 건가요?"
"아직 봉인한 것은 아니란다. 그렇지만 얼음 구슬로 우선 힘을 조금 약하게 만들었고, 동굴을 단단하게 만들었기 때문에 당분간은 동굴에서 나오지 못할 것이야. 불안하니 왕국으로 돌아가서 봉인할 준비를 단단히 하고 다시 와야 한단다. 그때는 또 왕자님이 도와주시겠죠?"
"하하. 네, 멀린 님. 당연하죠."

모두 다 천천히 걸어서 동굴 밖으로 나왔어. 어느새 밖은 어두워져 있었지. 상쾌한 공기가 콧속으로 들어오니 살 것 같은 기분이었어. 늦은 밤이었지만 밝은 보름달이 폭포를 비추고, 시끄러운 폭포 소리를 들으니 살았다는 생각에 힘들었던 기억은 다 사라져 버렸어.

To be continued.

🧑 : 겁쟁이가 나쁜 것일까?

👩 : 나쁜 것은 아니지. 겁 많은 쫄보들은 엘리베이터가 가장 무서운 장소니까 계단으로 다니잖아. 그럼 운동한 거니까 좋을 것 같아.

🧑 : 겁쟁이들의 가장 장점은 뭘까?

👩 : 뜻밖의 운동을 할 때랑 미리 준비할 때?

🧑 : TV에서 봤는데 미리 준비해서 아픈 게 줄어들더라고. 그런 것이 좋은 점이었어.

🧑 : 불사조를 완전히 봉인하려면 어떻게 해야 할까?

👩 : 실프랑 운디네를 불러서 꺼야지, 뭐.

🧑 : 사람 한 명을 제물로 바쳐야 하는 거 아냐?

🧑 : 어디서 봤어? 사람을 제물로 바치는 거?

🧑 : 중국에서 어떤 사람(제갈공명)이 사람 머리 같은 만두를 제물로 바쳤다는 이야기를 들었어.

🧑 : 우와, 우리 아들, 기억력이 좋구나.

🧑 : 헤헤.

👩 : 다음은 어떻게 되었을까?

🧑 : 도둑을 제물로 바쳤을 것 같아.

👩 : 다음은 희망일 것 같아.

🧑 : 왜?

👩 : 그냥. 만화에서 희망이란 이야기가 많이 나오거든.

하브루타
질문 육아

7.

열매,
열정의 끝은 달콤하다

　　벨라는 꿈을 꾸고 열정을 가지고 용기 있게 도전하고 모험하면서 대마법사 멀린도 구하고 마음의 힘도 키웠습니다. 아이들이 헬조선이라며 비관하지 않고 벨라와 같이 꿈을 꾸고 도전했으면 하는 바람입니다. 분명히 목표가 명확하면 이룰 수 있는 것들이 많습니다. 데일 카네기는 이런 말을 했습니다. "바람이 불지 않을 때 바람개비를 돌리는 방법은 앞으로 달려가는 것이다." 아이들이 어려움 앞에 좌절하지 말고 극복하면서 열정의 끝이 달콤하다는 것을 알기를 희망해 봅니다.

　　동굴 밖은 밤이었어. 당장 마을로 가서 잠을 자기는 어려웠지. 그러자 오토 왕자가 허리에 맨 네모 모양의 손바닥만 한 가방을 풀었어. 그리고 가방을 바닥에 놓더니 주먹으로 한 대 쳤지. 그러자 펑 소리와 함께 가방이 창고로 변했어. 오토와 벨라가 함께 정리했던 창고 다들 기억하지?

　　모두 오토의 이동식 창고로 들어갔어. 벨라는 마법 양탄자 아부부 위에 앉았어. 다른 사람들은 신기한 듯이 창고를 둘러봤지.

그중에서 당연히 모험가 인디오나 존스가 가장 열심히 둘러봤어.

"왕자님. 여기에는 신기한 것들이 많군요. 이건 무엇인가요?"
"아. 그건 마법의 돌로 열을 내는 마법 난로입니다."
"오오. 그럼 이건 무엇인가요?"
"그건, 마법 돌로 날아다니는 드론이고요."
"그럼, 이건……."

존스의 질문은 끝이 없었어. 오토는 즐거웠어. 누군가가 자기의 물건에 관심을 가져주니까 말이야. 문제는 다른 사람들은 졸렸다는 거지. 벨라는 아부부 위에서 슬금슬금 잠들었어. 오토는 잠든 벨라 옆에 마법 난로를 가져다주었지.

벨라는 꿈속으로 빠져들었어. 꿈속에서 아름다운 여자를 보았어. 바람의 하급 정령 실프 같기도 하고, 중급 정령 슈리엘 같기도 했지. 꿈속의 여자가 이야기했어.

"벨라야. 아주 고생이 많았구나. 너의 힘이 정말 많이 커졌어. 대견해."
"누구세요?"
"기억하지 못하는구나. 나는 바람의 정령왕 실피드란다."
"헉. 너무 오랜만이어서. 죄송합니다."

하브루타
질문 육아

바로 바람의 정령왕 실피드였어. 드디어 벨라가 몸속에 있는 정령의 힘을 제대로 느끼게 되었나 봐. 바람의 정령왕과 대화도 할 수 있고 말이야.

"내가 이야기하지 않았느냐? 네가 너의 힘을 느끼게 되면 나랑 이야기할 수 있다고 말이다. 목표를 잡고 습관을 만들면서 열정적으로 지내 왔더구나. 너의 힘이 정말 많이 커졌어."

"아. 감사합니다. 처음에는 힘들었지만 돌아보니 정말 재미있는 경험이었어요."

"아직 너의 힘이 조금 부족하여 꿈에서만 볼 수 있지만, 앞으로는 현실 세계에서도 볼 수 있을 거란다. 항상 너를 지켜보고 있으니 꾸준히 하고 싶은 것을 해나가도록 하거라."

"네. 감사합니다. 그런데 사실 물어보고 싶은 것이 있는데요."

"미안하구나. 지금은 시간이 다 되어서. 다음에 만나면 물어……."

"허억."

바람의 정령왕 실피드는 말을 끝내지 못하고 사라졌어. 벨라는 깜짝 놀라서 잠에서 깼어. 눈을 뜨고 주변을 살펴보니 멀리서 해가 떠오르고, 벨라 옆에는 따뜻한 난로가 놓여 있었지. 벨라는 엄마, 아빠에 관해서 물어보고 싶었어. 바람의 정령왕이니까 많은 것을 알 것 같아서 말이야. 그런데 말을 끝내지 못했지. 벨라는 다음에는 꼭 물어보겠다고 다짐했어.

해가 완전히 떠오르자 모두 일어났어. 아침으로 먹을 것이 별로 없자 사람들은 오토의 마법 난로에 육포를 구워 먹었지. 벨라는 운디네에게 부탁해서 물을 가져다주었어.

"이렇게 야외에서 먹으니 꼭 소풍 온 것 같군요. 운디네 님. 물 감사합니다. 허허."
"별거 아니다. 쯥."

물의 정령 운디네는 새침한 표정을 지었고, 대마법사 멀린은 동굴 밖에 나온 것이 즐거운지 얼굴에서 웃음이 사라지지 않았어.

"자, 이제 여러분은 어떻게 할 건가요? 저는 이제 오토메이션 왕국으로 돌아가야 할 것 같습니다. 너무 오래 왕국을 떠나온 것 같거든요. 그리고 벨라가 멀린 님을 구하려고 노력했기 때문에 상을 내려달라고 왕국에 요청도 하려고 합니다."
"허허. 그렇지요. 이 늙은이도 이번에는 국왕 폐하에게 다녀와야겠습니다."
"앗, 감사합니다. 오토 왕자님, 제가 물어봤던 거 기억하세요? 정령의 숲을 만들고 싶다는 이야기요."
"그럼 그럼. 이번에 아바마마에게 부탁을 드려 보겠다."

"오. 그런 생각이. 이 늙은이도 힘을 보태 주마. 그래, 이번에 왕국에 같이 가는 것은 어떠냐?"

"네? 저, 지난번에 사고 친 것이 있어서⋯⋯."

"괜찮다. 이 늙은이가 왕국에 복귀한다고 하면 그 정도는 국왕 폐하가 다 이해해 주실 거다."

"멀린 님이 그렇게 이야기해 주신다면, 저도 함께 가도록 하겠습니다."

벨라는 정령의 숲을 만들겠다는 꿈을 꾸었고, 대마법사 멀린을 구하기 위해 도전했지. 그러다가 모험도 하고 어려움을 헤쳐나가는 지혜도 얻었어. 가장 중요한 열정을 가지고 열심히 했더니 마음속에 있던 정령의 힘이 커진 거야. 알다시피 바람의 정령왕 실피드하고 대화도 하게 되었잖아.

멀린, 오토 왕자, 벨라는 마법의 양탄자 아부부를 타고 오토메이션 왕국으로 떠났어. 모험가 존스는 더 모험하겠다고 다른 곳으로 떠났지. 오토 왕자는 선물로 마법 플래시를 주었어. 그동안 도와줘서 고맙다고 말이야.

벨라가 열심히 노력한 끝에 왕국에 정령들을 위한 숲을 만들자고 이야기할 수 있게 되었네. 노력 끝에 열매가 잘 맺히는 것 같아. 벨라가 정령의 숲을 만들 수 있도록 우리 모두 응원해 주자고.

To be continued.

😮 : 열매를 맺으려면 어떤 일이 있어야 할까?

😮 : 먼저 씨가 있어야 하고, 나무가 자라고 풀잎이 자라고 꽃이 자라면 열매가 생기지.

😮 : 딸이 가장 중요하다고 생각하는 것이 뭐가 있어?

👧 : 수영.

😮 : 수영에서 열매가 맺히려면 딸이 어떤 일을 해야 할까?

👧 : 수영 연습을 해야지.

😮 : 수영 연습을 어떻게 해야 해?

👧 : 재미있게 해야지.

😮 : 요새 코로나 때문에 수영장에 못 가잖아. 그럼 뭘 하면 좋을까?

👧 : 다른 수영장에 가서 연습해야지.

😮 : 유튜브로 수영을 공부해 보면 어떨 것 같아?

👧 : 좋은 생각인데.

😮 : 왜 좋은 생각이야? 딸 마음은 어때?

👧 : 아빠 입장에서는 좋은 생각이지만, 내 입장에서는 살짝 지루할 것 도 같아.

😮 : 벨라는 어떤 열매를 얻은 걸까?

😮 : 엄마에 관해서 물어보려고 하는 열매?

👧 : 정령의 숲을 키워야겠다는 열매?

😮 : 노력해서 좋은 열매들을 맺어 가네. 그렇지?

하브루타
질문 육아

: 오토메이션은 왕국은 진짜 최신형으로 만들어졌을까?

: 아들은 어떻게 생각해?

: 오토메이션 왕국에 안경을 쓰면 로봇으로 변하는 기술이 있었으면 좋겠어.

: 오토메이션 왕국은 어떻게 생겼을까?

: 크기는 엘프가 넘어트렸던 괴물만 한 높이이고, 안에는 아주 멋지게 1,000층은 있을 것 같아. 엘리베이터는 순간이동이야.

: 나는, 겉은 황금이랑 보석으로 덮여 있을 것 같아.

: 벨라가 가지고 있는 마음의 힘은 얼마만큼일까?

: 이만큼. 우리 집만큼 엄청나게 큰 힘이지.

: 정령이 지켜볼 만큼 큰 힘이야.

: 정말 큰 힘이구나.

Part 4

행복

내가 느끼는 따스함

행복하기 위해서는 두 가지 조건이 있습니다. 내가 먼저 노력해야 하고, 내가 행복하다고 느껴야 합니다. 세상에 공짜는 없습니다. 행복하기 위해서는 용기를 내서 움직여야 합니다. 그러면 언제나 곁에 있는 행복을 느낄 수 있습니다.

– 행복덩이 아빠

1.

기회,
지금에 집중하면 행복해진다

    "기회는 준비된 사람만이 잡을 수 있다."라는 말이 있습니다. 이 말을 항상 생각하고 살고 있습니다. 기회가 왔을 때 준비 부족으로 놓친 경험도 있고, 미리 준비해서 얻어낸 경험도 있거든요. 당장 준비가 안 되어 있다면 어떻게 해야 할까요? 지금 할 수 있는 것이 무엇인지에 집중해야 합니다. 내가 할 수 없는 것을 생각하면 힘들어지니까요. 지금에 집중하면 마음도 편해지고 행복해집니다. 아이들도 지금 할 수 있는 것에 더 집중한다면, 더욱 행복해지지 않을까요?

    "허허허. 어서 오시오, 멀린."

    "황송하옵니다. 국왕 폐하."

    "괜찮소. 이렇게 무사히 돌아온 것만 해도 과인은 기쁘오."

    "거듭 감사드리옵니다. 하온데 폐하, 사실 본인이 돌아올 수 있었던 것은 벨라라는 소녀 덕분이었습니다."

    "벨라? 혹시 성을 태워 먹은 그 아이 말이요?"

    "허허허. 네."

하브루타
질문 육아

대마법사 멀린은 국왕에게 벨라가 도와준 이야기를 자세히 설명했어. 국왕은 다른 사람의 말은 잘 안 들어도 멀린의 말은 잘 듣거든. 사실 멀린은 예전부터 국왕의 선생님이었지.

"오. 그런가? 흠. '땅, 특히 숲이 있는 땅을 원한다.'라. 땅을 가진다는 의미는 그 땅은 관리할 힘이 있어야 합니다. 벨라라는 아이가 그런 힘을 가지고 있다고 생각하시는가요?"

"저는 그렇다고 생각합니다만, 국왕 폐하께서 하사하셔야 하니 한번 확인해 보시는 것이 어떤가 싶습니다. 허허."

"그래. 쇠뿔도 단김에 빼라고 했으니 지금 한번 봐야겠네요. 여봐라. 벨라를 데리고 오너라."

"넵! 폐하!"

황실 기사단이 초조하게 기다리던 벨라를 국왕에게 데리고 갔어. 국왕 앞에 서 있는 벨라는 지난번에 친 사고 때문에 다리가 떨렸지. 고개도 감히 들 수가 없었어.

"벨라는 듣거라. 지난번 성에 불이 난 사고로 너는 성에 들어올 수가 없지만, 멀린을 동굴에서 구해 주어 왕궁에 큰 도움을 주었으니 내가 상을 내리겠다. 다만, 상을 받은 뒤에는 당장 성을 떠나야 할 것이다."

"네. 성은이 망극하옵니다."

"자, 내가 듣기로 너는 숲이 있는 땅을 받고 싶다고 하던데, 맞느냐?"

"네. 그렇습니다."

"땅을 받는다는 것은, 땅에 대해서 책임을 져야 하고, 그에 따른 힘과 능력이 필요하다. 너는 그것을 증명할 수 있겠는가?"

갑작스러운 말에 벨라는 당황했어. 책임, 힘, 능력 이런 것은 생각해 보지 못했거든. 그저 정령들과 행복하게 살 수 있는 곳이 필요했을 뿐인데 말이야.

'지금 내가 국왕님에게 보여 줄 수 있는 것이 무엇이 있을까? 정령, 모험, 노력, 당당함? 그냥 포기할까? 힘든데…. 국왕 폐하가 너무 무섭다.'

벨라는 짧은 순간에 많은 생각을 했어. 그리고 멍한 얼굴로 고개를 잠시 들었는데 대마법사 멀린이 쳐다보고 있지 뭐야. 멀린은 벨라를 보고 두 주먹을 불끈 쥐면서 응원해 줬어. 물론 국왕 뒤에서 몰래 말이야.

'그래, 나를 응원해 주는 사람도 있는데, 지금 내가 할 수 있는 것에 집중해 보자. 땅을 얻을 기회는 지금이 마지막일지 몰라.'

하브루타
질문 육아

"벨라야. 왜 대답이 없느냐? 아무 생각 없이 땅을 달라고 한 것은 아니겠지?"

"국왕 폐하. 저는 정령 술사로서 단지 정령들과 함께 행복하게 살고 싶은 마음밖에는 없습니다. 책임과 힘 등에 대해서는 생각해 본 적이 없습니다. 다만, 폐하에게 제가 지금 가지고 있는 힘을 보여드리는 것으로 제 의지를 전해 드리고자 합니다."

"네가 가지고 있는 힘이라. 그래, 한번 보여 보아라."

벨라는 지금이 마지막 기회라 생각하고 최선을 다해 마음에 집중했어. 정말 간절히 정령들과 함께 살고 싶다는 소원을 담아서 말이야. 그러자 마음 깊숙한 곳에서 조금씩 나오던 빛이 벨라의 몸을 감쌌어. 그 빛은 점점 커져서 왕궁 전체를 비췄지. 그리고 점점 작아지더니 사람의 모습을 한 누군가가 보였어. 바로 바람의 정령왕 실피드였어.

국왕은 빛에 깜짝 놀라기도 했지만, 아름다운 모습을 한 실피드를 보고 더욱 놀랐어.

"나는, 바람의 정령왕 실피드라고 한다. 너는 누구인가?"

"이 오토메이션 왕국의 왕인 옵티머스라고 합니다."

"반갑구나. 아이야. 벨라의 눈과 귀를 통해 이야기를 다 들었다. 벨라가 숲을 얻기 위해서는 책임과 힘이 필요하다고 했지. 내가 이 아이의 힘이 되어 주겠다. 그럼 되었느냐?"

"네? 아, 정령왕 님이 힘이 되어 주신다면 큰 문제는 없을 것 같습니다."

그때였어. 갑자기 대전이 후끈 달아올랐지. 불의 정령왕 이프리트가 나타난 거야. 이프리트는 주먹을 국왕에게 보이면서 이야기했어.

"국왕. 힘이 필요하다고 했나? 나 불의 정령왕 이프리트도 벨라를 돕도록 하지. 그럼 되었나?"
"네? 불의 정령왕… 알, 알겠습니다. 두 정령왕 님이 보장하신다면 전혀 문제없습니다."

벨라는 깜짝 놀랐지. 지난번에 도와주었던 불의 정령이 중급 정령인 샐리온이 아닌 정령왕 이프리트였다니 말이야. 그리고 국왕의 앞머리가 이프리트의 불 주먹에 의해서 조금씩 타들어 가는 것을 보자 당황했어.

"이프리트. 제발 얌전히 있으면 안 되겠니?"
"힝. 내가 뭐."

실피드의 지적에 이프리트는 얌전히 뒤로 돌아가면서 벨라에게 윙크를 했어. 그리고 '피욱' 소리와 함께 사라졌지.

하브루타
질문 육아

"국왕 옵티머스여. 그럼 부디 벨라를 잘 부탁한다. 나는 힘이 필요하면 언제든지 나타날 것이다. 벨라도 그간의 모험을 통해서 힘을 키웠고, 사람들과 함께하는 것을 배웠다. 분명 숲을 잘 관리할 수 있을 거라고 믿는다."

"알겠습니다. 바람의 정령왕 님."

스스스~

바람의 정령왕 실피드와 불의 정령왕 이프리트가 나타났을 때 대전에 있던 모든 사람이 당황했지. 두 정령왕이 사라지자 대전은 갑자기 조용해졌어. 그러자 국왕이 웃기 시작했어.

"하하하. 그래, 벨라. 너는 충분히 힘을 보여 주었구나. 멀린을 구한 공으로 드라실 숲의 권리를 너에게 주도록 하마. 잘 관리해 보도록 하거라."

"네? 성은이 망극하옵니다."

국왕은 생각했어. 두 정령왕이 지키는 나라는 다른 어느 나라보다 튼튼할 거라고 말이야. 벨라의 힘이 분명히 나라를 단단하게 해 주리라고 생각했지.

벨라는 국왕이 증명하라고 할 때 무서웠지만, 지금 본인이 할 수 있는 것에 집중해서 기회를 놓치지 않았어. 물론 정령의 힘을 미리 키워두었던 것도 도움이 되었지. 기회란 것은 준비가 되어있을 때 잡을 수 있거든. 벨라는 지금에 집중해서 그동안 가지고 있던 힘을 더 크게 보여 주었지. 그리고 기회를 잡았어. 벨라는 드라실 숲이라는 기회를 잡았으니 더 행복해질 수 있을 거야.

To be continued.

: 기회가 뭘까?

: 아빠와 놀 수 있는 기회, 칭찬 스티커를 다 모을 기회가 있어.

: 딱, '이때다' 하는 것이 기회야.

: 좋은 기회를 잡았던 적이 있었을까? 아빠는 너희들과 이야기하는 지금이 행복해지는 좋은 기회 같아.

: 칭찬 스티커를 모으는 좋은 기회가 있었지.

: 아빠랑 노는 것이 웃음이 나오는 좋은 기회 같아.

: 내일의 주제는 뭐야?

: 내일의 주제는 웃음이야.

: 우리가 어떻게 하면 더 행복해질까?

: 안 싸우려고 노력하고, 웃으면서 노력하면 행복해지지.

하브루타
질문 육아

: 우리가 안 싸우면 더 행복해질 것 같아.

: 안 싸우려면 어떻게 해야 할까?

: 누나가 소리를 안 지르면 안 싸울 것 같아.

: 동생이 까불지 않으면 안 싸울 것 같아.

: 누구한테 바라기만 하면 이루어질까?

: 행동으로 보여 줘야지.

: 행동으로 보여 줘야 안 싸우겠지.

: 어떤 행동을 해야 안 싸울까?

: 소리 지르는 것을 줄이면 될 것 같아.

: 어떻게?

: 화가 나면 마음속으로 5초를 세는 연습을 할 거야.

: 웃으면서 싸움을 줄이려고 노력하면 될 것 같아. 그리고 누나에게
  양보하고 잘해 주고, 안 까불 거야.

: 그럼 내일부터 실천해 보자!

2.

웃음,
웃을 수 있는 사람은 한 발 더 나아갈 수 있다

예전에 본 영화가 있습니다. 배가 조난을 당해서 구명보트에 몇 명이 타서 바다를 헤매고 있었습니다. 그중에 한 사람이 계속 농담을 하니 심기가 상한 여자 한 명이 소리를 칩니다. "이 상황에서 농담이 나와요?" 그러자 그 사람이 이야기하죠. "그러면 여기서 우울해할까요? 웃을 수 있으면 우리에게 희망이 있습니다." 아이들이 힘들 때, "힘들어."라는 말보다, "한 번 더 해 보자!"라고 이야기했으면 좋겠습니다. 아이들이 힘들어도 웃으면서 헤쳐나가는 상상을 하면서요.

오토메이션 왕국의 국왕을 만나고 밖으로 나온 벨라는 풀썩 주 저앉았지. 다리가 풀린 거야. 긴장이 풀리기도 했지만, 정령왕 두 명이 나타나서 정령의 힘을 한꺼번에 썼기 때문이야. 그 모습이 안타까운 바람의 중급 정령 슈리엘이 바람으로 벨라를 들어서 벤 치로 옮겨 주었어. 잠시 지나자 뚜벅뚜벅 소리가 들렸어. 오토 왕 자였지.

"벨라. 이야기는 들었다. 정령왕 님들이 아바마마의 앞머리를

하브루타
질문 육아

태워 먹었다며?"

"앗, 왕자님. 정말 죄송합니다. 제가 정령왕 님들을 어떻게 할수가 없어서요."

"괜찮다. 아바마마도 머리카락을 다듬을 때가 되셨단다. 하하하. 그럼 바로 숲으로 떠날 것인가?"

"네. 아시다시피 성에서는 제가 머물 수가 없어서요."

"그래그래. 내가 오토메이션 왕국의 최신 마차를 빌려주도록하마."

"아니, 왕자님. 안 그러셔도 되는데……."

"같이 모험한 동료로서 조금 도와주는 것이야. 하하."

"감사합니다. 왕자님."

벨라는 마차를 타고 드라실 숲으로 달려갔어. 마차는 울퉁불퉁한 길을 달려도 전혀 꿀렁대지 않았어. 급커브길을 돌아도 작은 기울임만 있었지. 역시 오토메이션 왕국의 최신 마차지 뭐야.

벨라는 마차가 신기해서 자세하게 살펴보다가 빨강, 노랑, 파랑 단추를 발견했어. 궁금한 벨라는 파랑 단추를 눌러 보았어.

위이이잉!

우와! 마차의 지붕이 열리지 뭐야. 파랑 단추는 하늘을 보는 단추인가 봐. 벨라는 마차 안에 누워서 하늘을 쳐다봤어. 파란 하늘에 뭉게구름이 몽실몽실 올라가는데 꼭 엘프 마을을 지키는 푸른 용 같았어. 벨라는 다른 노랑, 빨강 단추도 궁금했어. 얼른 일어나서 단추를 누르려고 했지. 그때 마차가 '끼익' 하고 섰어. 드라실 숲에 다 도착한 거야.

벨라는 단추를 누르지 못한 아쉬움을 뒤로하고 마차에서 내렸어. 빨간 단추 밑에는 작은 글씨로 쓰여 있었어. '긴급 탈출'이라고 말이야. 단추를 누르지 않은 게 정말 다행이지 뭐야.

"우오오오!"

쿵쿵쿵!
콰아앙!

드라실 숲에 도착한 벨라는 굉음에 깜짝 놀랐어. 마차에서 내려서 숲을 바라보니 엄청난 숫자의 괴물들이 숲으로 걸어가고 있었지. 숲의 나무들은 괴물들의 힘에 쓰러지고 있었어.

"이런, 안 돼!"

벨라는 파괴되어 가는 숲을 보고 고함을 질렀어. 그리고 마음의 힘에 집중했지. 그러자 환한 빛이 벨라를 감싸더니 바람의 정령왕 실피드가 나타났어.

"벨라. 나를 왜 불렀… 이런, 숲이 파괴되고 있구나. 여기는 위그드라실이 있는 곳이구나. 여기가 파괴되면 곤란한데."

"예? 위그드라실이요? 그게 무엇인가요?"

"세계를 받치고 있는 세계수 나무라고 한단다. 아무래도 괴물들이 세계수의 힘을 노리고 쳐들어온 것 같구나. 우선 내가 막아볼 테니 너는 친구들에게 연락해 보거라."

"네? 친구들이요? 어떻게요?"

실피드는 싱긋 웃으면서 이야기했어.

"벨라야. 너는 그동안 많은 친구를 사귀었단다. 너무 걱정만 하지 말고 한번 웃으면서 잘 생각해 보려무나. 힘들다고 인상만 찡그리다 보면 더욱 힘들어진단다. 힘들더라도 한번 웃고 생각해 보면 한 발 더 앞으로 갈 수 있어."

"네? 그게 무슨 이야기세요? 이런 급한 시기에요."

"웃음! 이 말을 잊지 말거라."

실피드는 웃음을 남기며 급하게 괴물들에게 날아가서 강력한 돌풍 여러 개를 날렸어. 그러자 작은 괴물들은 돌풍에 날아가 버리고 커다란 괴물들은 잠시 걸음을 멈췄지.

벨라는 급하게 마차에 올랐어. 그리고 실피드가 이야기하듯이 얼굴에 억지로라도 미소를 만들어 보았지. 그러자 신기하게도 마음이 조금 편해졌어. 마음이 편해지자 벨라는 마차를 다시 한번 살펴보게 되었어. 아까 발견한 노란 단추 밑에 글자가 쓰여 있었어.

'긴급 호출'

벨라는 호출이란 말에 노란 단추를 눌러 보았어.

치지지지. 뿌우우웅.

단추는 방귀 같은 소리를 내며 번쩍거렸고, 곧 사람의 모습이 보였지. 바로 대마법사 멀린이었어.

"오호, 벨라 아니냐. 네가 어떻게 긴급 호출 버튼을 누른 것이냐? 허허."
"앗, 멀린 님. 다른 게 아니라요. 드라실 숲@#$%^."

벨라는 멀린에게 다급하게 지금의 상황을 설명하려 했어.

"벨라야, 너무 급하게 이야기하니 무슨 말인지 잘 모르겠구나. 침착하게 다시 이야기해 주겠니?"

벨라는 실피드가 알려준 대로 우선 얼굴에 미소를 만들어 보

하브루타
질문 육아

앉아. 그리고 천천히 다시 이야기했지.

"오, 그래. 이제 알겠구나. 심각한 상황이구나. 알았다. 잠시만 기다리거라."
"네, 멀린 님. 꼭 도와주세요. 지금 실피드 님이 혼자서 엄청나게 고생 중이에요."
"그래, 알았다. 허허."

벨라는 마차에서 내려서 실피드를 쳐다봤어. 실피드는 커다랗고 강력한 돌풍을 계속해서 괴물들에게 던지고 있었지. 그런데 괴물들이 너무 많아서 다 막아내지 못하고 있었어.
그때였어. 갑자기 번쩍하는 빛과 함께 많은 것이 나타났어. 이상한 로봇들과 오토 왕자, 멀린, 엘리 등이었지.

"드라칸 부대! 정렬, 발사!"

착착착. 펑, 펑, 펑!

오토 왕자가 마물의 숲에서 전쟁했던 로봇들을 다 데리고 온 거야. 드라칸 부대는 어느새 탱크로 변해서 괴물들에게 엄청난 포격을 했어.

"전원 정렬, 발사!"

피잉. 피잉. 피잉.

은빛 머리카락을 휘날리며 나타난 종족은 엘프들이었어. 엘프들은 엘리의 명령에 맞춰서 은빛 화살을 날렸지. 엘프는 전부 다 뛰어난 궁수들이었기에 화살은 백발백중으로 괴물들에게 꽂혔어.

대마법사 멀린은 하늘 위에 있었어. 마법의 언어를 중얼거리던 멀린이 큰소리로 외쳤어.

"얼스퀘이크!"

그러자 땅이 뒤집히면서 괴물들이 땅속으로 사라져버렸지. 모든 사람의 도움으로 괴물들을 물리친 거였어. 잠시 뒤 모든 사람과 종족들이 모였지.

"벨라야, 고생했구나. 내가 오래 있으면 너의 정령의 힘이 줄어들 수 있으니 나는 우선 정령 세계로 가 봐야겠구나. 나중에 좋은 일이 있으면 불러 주거라."

바람의 정령왕 실피드는 '휘이잉' 하는 소리와 함께 사라졌지.

다른 사람들은 벨라에게 바람의 정령왕을 부르고, 자신들에게도 침착하게 연락을 해서 잘했다고 칭찬을 했어.

벨라는 힘들 때 웃으면 침착해진다는 것을 배웠어. 침착해지면 용기도 더 강해지는 느낌이야. 앞으로도 드라실 숲은 벨라가 잘 지킬 수 있을 것 같아.

To be continued.

: **힘들 때 웃으면 도움이 될까?**

: 응. 웃으면 힘이 나는 것 같으니까?

: 될 것 같아. 힘도 나고 기분도 좋아지고 도전할 수 있는 마음도 생기니까.

: 희망도 생기거든.

: **힘들 때 웃을 수 있을까?**

: 응. 억지로라도 웃어야 해.

: 왜?

: 왜냐면, 그래야지 힘이 나니까.

: 아니.

: 왜?

: 울면 억울하니까 웃지 못하겠어.

: 그때 웃으면 어떨 거 같아?

: 좋을 것 같아. 왜냐면, 아무도 못 하는 일이니까.

: **괴물들은 얼마나 크고 얼마나 힘이 셀까?**

: 150미터에 힘은 130.

: 힘이 130이 무슨 의미야?

: 큰 책장을 들 수 있는 힘이야.

: 건물을 들어 올릴 수 있을 것 같아.

: **괴물의 이름은 뭐였을까?**

: 와일드 백발백중 어때?

: 와일드바디 아이스크림 맛있는데.

: 딸은 어떤 이름이 좋을 것 같아?

: 괴군 어때? 괴물 군단을 줄여서.

: 둘 다 괜찮네.

: **마차는 어떻게 생겼을까?**

: 황금 마차일 것 같아. 음…. 황금 다이아몬드 마차 같아.

: 황금, 다이아몬드, 에메랄드도 장식되어 있을 것 같아.

: 에메랄드는 어디에 장식되어 있을까?

: 바퀴? 에메랄드에 특수 능력을 넣어서 점프, 점프하는 거지.

: **벨라가 본 하늘은 어떻게 생겼을까?**

: 연기가 나고, 유독가스가 있고, 불나고 그랬을 것 같아.

: 왜 그랬을 것 같아?

: 왜긴, 전투를 했잖아.

: 흙이 날렸을 것 같아. 왜냐하면, 괴물들이 싸우면서 흙을 날렸을
  것 같아.

3.

경청,
행복은 들어 주는 것부터 시작이다

　　듣는 것의 중요성은 모든 사람이 알고 있습니다. 다만, 실천하기가 너무 어렵지요. 아이들을 살펴보면, 싸우는 이유 대부분이 상대방의 말을 듣지 않기 때문입니다. 우리 집에서는 싸움이 커지면 마이크를 준비합니다. 마이크를 가지고 있는 사람만 말을 할 수 있고 나머지는 듣기만 하는 거죠. 그렇게만 해도 서로의 갈등이 많이 사그라듭니다. 잘 들어만 줘도 서로가 행복해지는 것이죠. 가족끼리도 많이 들어 주는 연습을 하면 좋을 것 같습니다.

　　괴물과의 전투가 끝난 드라실 숲의 입구는 처참했어. 나무가 전부 부러지고 대마법사 멀린의 마법으로 땅도 전부 뒤집혔지. 좋은 점은 하나가 있네. 땅이 뒤집혀서 식물을 심기 좋아졌다는 거지. 식물을 심기 전에는 원래 땅을 뒤집어서 땅 밑에 있는 영양분이 올라오도록 하거든.

　　"휴, 이걸 다 어떻게 해야 하나?"

　　벨라는 걱정이 앞섰어. 그때 오토 왕자가 이야기했지.

하브루타
질문 육아

"벨라야. 우리가 도와주도록 하마. 이 많은 정리를 혼자 하기는 어렵지 않겠니?"

"감사합니다. 왕자님. 왕국의 일도 바쁘실 텐데, 정말 고맙습니다."

"하하. 괜찮다. 드라실 숲도 왕국의 땅이니라. 왕국의 어려움을 함께하는 것이 왕자의 의무니라."

그때 대마법사 멀린과 엘프 엘리도 이야기했어.

"왕자님이 도와주신다고 하면 나도 한 힘 보태도록 하마. 허허허."

"저희 엘프도 도와드릴게요. 정령은 우리에게 이웃이나 다름없답니다."

"모두 정말 감사드립니다."

감사의 마음에 벨라의 눈가에 눈물이 흘렀지. 그런데 그 눈물은 잠시 후에 사라졌어.

"어허. 괴물이 침입하지 않게 장벽을 세우는 것이 먼저요."

"땅이 많이 황폐해졌습니다. 식물을 먼저 심어야 해요."

"이 늙은이의 생각에는 세계수 나무부터 살펴야 할 것 같은데요. 허허허."

사람들이 본인의 의견만 내세워서 숲의 복구가 전혀 이뤄지지 않지 뭐야. 벨라는 사람들의 대화를 듣자 머리만 아파지고, 눈물은 쏙 들어갔지. 그때 갑자기 하늘이 어두워졌어. 모든 사람이 비가 오려나 하고 하늘을 쳐다보았지. 하늘이 어두워진 건 푸른 용 때문이었어. 세계수의 나무가 위험하다는 이야기를 듣고 푸른 용도 출발했는데 길을 잃어서 이제야 도착한 거였지.

푸른 용은 커다란 날개를 퍼덕이면서 땅으로 내려왔어. 그리고는 커다란 목소리로 물어보았지.

"내가 하늘에서 들어보니 무슨 문제가 있는 것 같던데, 무슨 일인가?"

오토 왕자가 이야기했어.

"언제 다시 괴물들이 쳐들어올지 모르니 숲의 방어를 먼저 해야 한다고 이야기하였는데 사람들이 이해하지 못하고 있습니다."
"음. 그래. 네 말이 옳구나."

오토 왕자가 의기양양하게 대마법사 멀린과 엘프 엘리를 쳐다보았어. 그러자 멀린이 이야기했지.

"지금 세계수 나무 상태가 좋지 못한 듯합니다. 세계수 나무부

하브루타
질문 육아

터 살펴보는 게 좋을 듯합니다. 허허허."

"음. 그래. 네 말이 옳구나."

멀린도 어깨를 으쓱하며 다른 사람들을 쳐다보았지. 이번에는 엘프 엘리가 이야기했어.

"지금 식물들을 심지 않으면 저 앞의 땅은 영원히 황무지가 될 것 같습니다. 식물을 심는 것이 먼저입니다."

"음. 그래. 네 말이 옳구나."

푸른 용의 이야기를 듣던 벨라가 물었어.

"아니, 그럼 도대체 누구 말이 옳은 건가요?"

"음. 모두의 말이 옳다. 지금 중요한 것은 서로의 말을 듣고 의견을 조정하는 것이다. 누구의 말이 틀렸다고 비난하는 것이 아니고 말이다. 싸우지 않고 일하는 것이 중요하단다."

이 말을 들은 모든 사람이 순간 움찔했어. 모두 자기 말만이 옳다고 이야기하고 다른 사람의 말은 듣지도 않고 있었거든. 모두 어색한 웃음을 지었어. 푸른 용이 다시 이야기를 시작했어.

"그럼, 지금부터 서로의 이야기를 들어 보는 것이 어떻겠느냐?"

모두 처음부터 자신이 생각하는 이야기를 시작했어. 그리고 서로 의견을 맞춰 갔지. 당연히 서로의 이야기를 다 듣고 본인의 이야기를 했어. 차례차례 말이야. 이야기를 마치고 서로가 가장 중요하다고 판단한 것을 하기 시작했어.

우선 오토 왕자는 로봇 부대 중 사신수 로봇이라고 불리는 4개를 동서남북으로 보냈어. 청룡이라고 불리는 로봇은 동쪽으로, 백호라고 불리는 호랑이 로봇은 서쪽으로, 주작이라고 불리는 불사조를 닮은 로봇은 남쪽으로, 현무라고 불리는 거북이 로봇은 북쪽으로 보냈지. 모든 로봇이 동서남북에 도착하자, 오토 왕자는 로봇들에게 명령했어.

"로열 커맨드. 프로텍트 실드 온!"

그러자 4개의 로봇에서 은은한 기운이 흘러나와 하나로 연결이 되었지. 드라실 숲 전체를 커버하는 투명 방어막이 설치되었어. 사신수 로봇은 오토메이션 왕국에서 가장 강력한 로봇이기 때문에 한동안 드라실 숲은 큰 걱정이 없을 거야.

멀린은 마법의 양탄자 아부부를 타고 세계수 나무에게로 다가갔어. 세계수 나무는 괴물들의 공격에 조금씩 시들어가고 있었지 뭐야. 멀린은 푸른 용이 선물로 준 엘릭서를 뿌려주었어. 그러자

하브루타
질문 육아

세계수 나무에서 황금색 빛이 비치기 시작했어. 그 빛은 드라실 숲 전체를 감쌌지. 그러자 황폐해졌던 땅들도 활기를 되찾았어.

엘프들은 활기를 찾은 땅에 식물의 씨앗들을 뿌렸어. 엘프 숲에서만 나는 공기를 맑게 해 주는 식물들이었지. 씨앗은 땅속으로 들어가자마자 황금빛을 먹더니 싹이 나기 시작했지.

"허허. 이제 드라실 숲은 다시 건강해지겠군요."
"그러게 말입니다. 멀린 님, 수고하셨습니다."
"모두 숲을 위해 노력해 주셔서 감사합니다."

모두 모여서 서로에게 감사의 인사를 했지. 서로 이야기를 듣지 않고 본인만의 이야기를 한 것은 잠깐의 실수였던 거지. 모두 서로의 이야기를 듣고 본인이 가장 잘할 수 있는 일들을 한 거야. 전부 다 즐겁게 일을 마무리 지으니 드라실 숲에 행복이 찾아온 것 같아.

To be continued.

: **경청이 무슨 의미일까?**

: 잘 듣는 거야.

: 글쎄?

: 누나가 이야기한. 잘 듣는 거야. 알았지?

: 이야기를 들어 주는 것이 중요할까? 내 의견을 말하는 것이 중요할까?

: 이야기. 왜냐하면, 사람 말을 듣고 의견을 내야지.

: 이야기. 나 자신만 이야기하는 것도 조금 도움이 돼.

: 어떤 도움?

: 싸우고 있어. 그때는 내 이야기를 해야 싸움이 풀리겠지.

: 너 자신만 이야기하면 서로 틀렸다고만 이야기할 것 아니야. 그때는 서로 화해를 시켜야지.

: 그래. 듣고 이야기하는 것이 중요해.

: 경보기는 필요하지 않아? 누가 숲에 들어와서 훔쳐 가면 어떡하냐고?

: 무엇을?

: 꽃 같은 거.

: 경보기가 알람 시계 같은 거지? 다 방어되어 있어서 못 들어가는 거 아냐?

: 다른 사람들은 어떻게 들어와.

: 로봇들이 주인공들을 다 알고 있어. 그래서 주인공들은 왔다 갔다 할 수 있을 거야.

하브루타
질문 육아

🧑 : 드라실 숲은 어떻게 생겼을까? 더 예쁘게 되었을까?

🧒 : 아주 넓고, 아주 공기가 좋고, 멋지고, 예쁜 꽃들도 많고, 오래 사는 나무도 많고 그럴 거야.

🧑 : 중앙에 호수가 있고, 호수에는 운디네가 살고, 잔잔한 바람이 불 거야. 실프가 부는 것이야. 흙도 있는데 흙은 노움이 살고, 운디네 물 옆에는 따듯한 모닥불이 있는데 거기는 샐러맨더가 사는 곳이야.

🧒 : 피카츄는 어디에 살아?

🧑 : 전기가 흐르는 곳에서 살겠지.

🧒 : 전기 코드에 사는 거 아냐? 백만 볼트를 쏘잖아.

4.

감사,
온 세상이 고마운 사람 천지다

세상을 살면서 분명히 저를 도와준 사람들이 있습니다. 곰곰이 생각해 보면 감사하다고 인사를 많이 못 한 것 같습니다. 먹고살려고 노력한 부모님에게 돌봐 주지 않았다는 원망을 하기도 했지요. 어느 순간 감사하다는 이야기를 바로바로 하려고 노력 중입니다. 사과와 감사는 시간이 지나면 더욱 하기 어렵거든요. 우리 아이들에게도 감사한 일이 있으면 고민만 하지 말고 바로 감사 인사를 하는 사람으로 자라나도록 이야기하는 중입니다.

벨라는 진심으로 모두에게 고마웠어. 자신의 위험을 보고 도와 주러 왔으니 말이야.

"모두, 정말 감사합니다. 제가 이 고마움을 어떻게 갚아야 할 까요?"

벨라는 온 마음을 다해서 모두에게 고마움을 표현했어. 그러자 대마법사 멀린이 이야기했지.

하브루타
질문 육아

"벨라야. 괜찮다. 모두 너와 함께했던 사람들 아니냐. 나중에 너도 함께했던 사람들이 어려워지면 도와주려무나. 나중에 이 드라실 숲이 정령의 숲으로 커지면 너도 큰 힘이 생길 거란다. 그때 우리가 했던 것처럼 어려운 사람들을 도와주면 된단다. 허허허."

"그래도, 제가 어떻게 감사를 드려야 할지……."

"괜찮다. 분명히 또 도움이 필요할 일이 있을 거다. 잘 생각하고 그때 또 부탁하거라. 나는 이만 왕국으로 돌아가야겠구나. 왕국을 오래 비워둘 수 없어서 말이야."

"그래, 벨라. 나도 돌아가 봐야겠다. 또 보자꾸나. 허허허."

"네. 멀린 님, 왕자님."

그렇게 대마법사 멀린과 오토 왕자 그리고 로봇들은 멀린의 순간이동 마법을 통해 왕국으로 돌아갔어.

"벨라. 우리도 돌아가야 해요. 언제 마을에 괴물들이 쳐들어올지 몰라서요. 그럼 다음에 또 연락해요."

"이렇게 금방 떠나면 아쉬워서 어떡해요?"

"엘프의 숲에 언제든지 놀러 오세요. 벨라는 우리 엘프들의 친구랍니다."

엘프 엘리는 엘프들을 한곳에 모으고 순간이동 마법 스크롤을 찢었어. 환한 빛과 함께 엘프들도 엘프 마을인 엘브하임으로 돌아갔지.

정신없는 하루를 보낸 벨라는 우선 잠잘 곳을 찾아보았어. 드라실 숲에도 엘프의 숲과 같은 하우스 버섯들이 자랐어. 벨라는 그중 하나에 들어가서 잠잘 준비를 했지.

"노움, 침대 하나만 만들어줘."

너무 힘들었는지 벨라는 노움이 만들어준 흙 침대에 눕자마자 잠들었어. 그걸 본 슈리엘이 커다란 바나나 잎을 가지고 와서 이불처럼 덮어 주었지. 벨라는 기분 좋게 꿈나라로 들어갔어.

꿈속에서 벨라는 바람의 정령왕 실피드를 만났어.

"벨라야. 잘 지냈느냐?"
"네, 실피드 님. 오랜만이에요."
"얼마 전에 만나고는 오랜만이라니. 호호."

실피드는 약속대로 엄마, 아빠 이야기를 해 주었어. 엄마는 블랙스완 부족의 뛰어난 정령 술사였다고 해. 얼마나 뛰어난 정령 술사였느냐면, 바람, 불, 물, 땅 4개의 정령왕과 계약하고 힘을 쓸 수 있었대.

어느 날 괴물들이 블랙스완 마을뿐만 아니라 오토메이션 왕국 전체에 쳐들어왔지 뭐야. 원래 용맹한 블랙스완 부족은 제일 앞에서 괴물들과 싸웠지. 하지만 괴물들의 수가 너무 많았어. 오토메이션 왕국의 로봇들이 지원하러 왔을 때는 이미 많은 사람이 죽었대. 부족 중에서도 가장 힘이 센 벨라의 엄마, 아빠는 마지막까지 블랙스완 사람들을 탈출시켰대. 그 와중에 벨라를 지키지 못할 것 같아서 블랙스완 부족의 카이에게 벨라를 부탁했다지 뭐야.

"카이, 우리 벨라를 부탁해요."
"루나 님, 안 됩니다. 지금 가시면 죽을지도 몰라요."
"걱정 마요. 나는 4대 정령의 축복을 받았답니다. 금방 갈 거예요. 우리 벨라를 꼭 부탁해요."
"네. 루나 님. 꼭 살아서 오셔야 합니다."

벨라의 부모님은 오토메이션 왕국의 로봇이 올 때까지 괴물들을 막고 있었지. 오토메이션 왕국의 로봇들이 와서 괴물들을 물리쳤지만, 벨라의 부모님은 너무 많은 힘을 써서 그만 죽고 말았어. 벨라를 데리고 탈출하던 카이도 탈출하던 도중에 괴물들과 싸우다가 부상이 심해져서 멀리 가지 못했어. 그래서 푸른 숲 마을까지 갔다가 오두막 앞에서 죽고 말았어. 그런 벨라를 동네 사람들이 불쌍해서 키워 주었지. 물론 일부 나쁜 사람들이 벨라를 괴롭히기도 했지만 말이야.

벨라는 눈물을 뚝뚝 흘렸어.

"엄마, 아빠가 우리 부족과 나를 위해서…. 흑흑흑."

"그래, 너희 부모님은 가족을 지키기 위해서 목숨을 바쳤단다. 아, 그래. 네 목에 있는 펜던트에 네 엄마의 기운이 들어 있단다. 아마 엄마가 너에게 편지를 남겼을 거란다."

"네? 엄마의 편지요? 어떻게 읽어 볼 수 있나요?"

"흠. 잠시만. 내가 도와주마. 너의 힘을 펜던트에 넣으면 된단다. 자, 펜던트에 너의 신경을 집중해 보아라."

벨라가 펜던트에 집중하자 실피드는 벨라의 힘으로 펜던트의 비밀 장치를 작동시켰어. 그러자 펜던트가 환하게 빛을 뿜어내었어.

펜던트에서 빛과 함께 사람의 모습이 올라왔지. 바로 벨라의 엄마였어.

"벨라야. 오랜만이지? 처음 보게 되는 건가? 엄마란다."

"엄. 마. 엄마. 엉엉엉. 보고 싶었어요."

"네가 이 영상을 본다는 것은 정말 감사하게도 훌륭하게 자랐다는 거네. 고마워. 엄마가 없는데도 잘 자라 주어서. 엄마와 아빠는 우리 부족과 벨라 너를 지키기 위해서 괴물들과 싸우러 가려고 해. 엄마도 너와 함께하고 싶지만, 이게 지금은 최선의 방법이라 너무 미안하네. 슬퍼하지 말렴. 카이 아저씨와 다른 부족 사람들이 분명 너를 소중하게 보살펴 줄 거야."

"엄마. 엄마. 정말 엄마예요? 저 벨라예요."

"엄마는 벨라를 너무 사랑해. 네가 엄마에게로 왔을 때, 세상을 다 얻은 기분이었단다. 넌 정말 특별한 아이였거든. 너의 미소, 너의 손짓 하나로 엄마와 아빠는 너무나 행복했단다. 우리딸, 엄마, 아빠 없다고 기죽지 말고 어깨 펴고 당당해야 해. 너의몸속에 있는 정령의 힘과 블랙스완 부족 사람들이 분명히 너를돌봐줄 거란다.

엄마가 이해해달라는 말은 하지 않을게. 사랑하는 우리 벨라와고마운 부족 사람들을 구하기 위해서 싸우러 가는 길이지만, 우리 딸 벨라에게만은 너무나 미안해.

비록 엄마가 곁에 없지만, 벨라는 옆에 있어 주는 사람, 도와주는 사람 모두에게 감사할 줄 아는 사람이 되었으면 좋겠어. 분명히 벨라 네가 이 편지를 본다는 것은 여러 사람이 도와주었을 테니까 말이야.

엄마가 더 오래 이야기할 수가 없어서 아쉽네. 지금 아빠가 많이 힘들어하시거든. 어서 가서 도와줘야 할 것 같아. 힘든 일이있으면 주변에서 너를 도와주는 사람들과 이야기를 많이 해 보렴. 이야기하다 보면 좋은 방법을 찾을 수 있으니까 말이다.

벨라야. 우리 딸 벨라야. 정말 특별하고 소중한 우리 딸. 정말정말 사랑한다."

엄마의 모습은 마지막으로 "사랑한다."라는 말과 함께 사라졌어. 벨라는 감정이 올라와서 한참을 울었어. 태어나서 처음 엄마를 보고, 엄마의 목소리를 들어 보았거든.

시간이 지나고 벨라의 울음소리가 잦아들었어.

"벨라야. 너희 부모님은 너를 정말 사랑하는구나. 괴물이 공격해 들어오는 매우 급한 순간에 이렇게 편지를 남기다니 말이다."

"네, 실피드 님. 정말 감사드려요. 정말 감사드려요. 흑흑. 엄마의 모습과 목소리를 들을 수 있게 해 줘서요. 저, 정말 처음이었어요. 흑흑. 그런데 제 부모님의 성함은 어떻게 되나요? 이름을 들은 적이 없어요."

"아. 그렇구나. 너의 엄마의 이름은 루나 스완이고 아빠의 이름은 솔 스완이란다. 벨라야. 이제 너는 꿈에서 깨어날 때가 되었단다. 좀 더 힘을 키워서 나와 자주 이야기하자꾸나."

"네. 감사합니…."

벨라는 꿈에서 깨어났어. 눈가에는 눈물 자국이 있었지. 벨라는 생각했어.

'엄마가 이야기해 준 대로 감사할 줄 아는 사람이 되고 싶어. 엄마를 볼 수 있게 해 준 실피드 님이 너무 고마워. 내가 여기 드라실 숲에 있을 수 있게 해 준 오토 왕자님, 멀린 님, 엘리 님도 정말 고마운 분들이야. 그래 나와 함께 산을 올라준 랄프 아저씨, 내 옆에서 나와 함께 해준 거미 타란. 모두에게 바로 고맙다고 이야기해야겠어.'

하브루타
질문 육아

그래. 감사하다는 이야기는 생각날 때 해야지, 시간이 지나면 이야기하기 어렵거든. 주변에 정말 고마운 사람들 천지인 것 같아. 벨라는 해가 뜨기를 기다렸어. 주변에 있는 고마운 사람들에게 연락하려고 말이야. 주변이 감사하다는 것을 알게 되니까 가슴속에서 행복한 마음이 뭉클뭉클 올라왔어.

To be continued.

: 엄마는 어떻게 생겼을까?

: 모르겠어. 아빠는 어떻게 생겼을까?

: 엄마는 멋지게 생겼을 것 같아.

: 머리는 어떤 모습이었을까?

: 머리는 한 갈래로 묶었겠지. 그리고 예쁘고. 운동을 잘했을 것 같아. 아빠는 안경을 쓰고, 짧고, 힘이 강했을 것 같아.

: 부족들은 어떻게 공격을 했을까?

: 정령의 힘으로 했지.

: 정령들을 많이 소환한 다음에 공격하는 거 아냐?

🙂 : 언제 감사하다는 이야기를 해야 할까?

😊 : 엄마, 아빠가 밥 열심히 차려줬을 때.

🙂 : 아빠가 놀아줬을 때.

🙂 : 친구들한테는?

😊 : 같이 숙제하고 같이 놀았을 때.

🙂 : 같이 놀았을 때. 추억을 만들었을 때.

🙂 : 감사 인사는 어떻게 해야 할까?

🙂 : 차렷하고 90도로 숙여서 "감사합니다."라고 해야지.

🙂 : 감사할 때의 마음은 어때야 할까?

🙂 : 푸근하고 기쁘게.

😊 : 진심으로 해야지.

🙂 : 벨라 엄마 편지를 듣고 기분이 어땠어?

😊 : 슬펐어. 나도 부모님을 잃은 기분이었거든.

🙂 : 감동적이었어. 왜냐면 이야기가 감동적이니까. 크크.

하브루타
질문 육아

5.

뻘짓(허튼짓),
세상에 필요 없는 일은 없다

저는 뻘짓이란 말을 좋아합니다. 아내는 싫어하더군요. 어감 자체가 저렴하다고 생각하나 봅니다. 살면서 가장 도움이 되었던 것은 다양한 경험이었습니다. 다양한 경험을 하기 위해서 쓸데없는 일들을 많이 했었죠. 그때 들었던 생각은 '나는 왜 직선으로 하루면 갈 거리를 뻘짓하면서 일주일이나 걸릴까?'였습니다. 그래도 그때 뻘짓하면서 얻었던 경험들이 지금은 큰 도움이 됩니다. 어디 하나 버릴 것 없이 말입니다. 아이들이 하는 엉뚱한 행동부터 이해하지 못하는 경험까지, 분명 아이들 미래 어딘가에서는 도움이 될 겁니다. 아이들도 뻘짓이 필요 없는 것이 아니라 미래를 위한 경험이라고 이해하면 좋겠습니다. 그럼 아이들이 무슨 일을 하더라도 행복할 것 같네요.

아침이 밝아왔어. 벨라는 우선 대마법사 멀린에게 받은 수정 구슬을 꺼냈지. 수정 구슬을 보면서 멀린을 생각하자 구슬에 멀린의 모습이 보였어.

"오. 벨라구나. 아침부터 무슨 일이냐? 허허."

"지난번에 도와주셨던 것부터, 저에게 정령술을 가르쳐 주셨던 것까지 너무 고마워서 감사 인사를 드리려고요."

"허허. 그래그래. 네 마음은 잘 받았다. 마침 오토 왕자님도 계신데, 이야기해 보아라."

"앗, 왕자님. 정말 감사드립니다. 저를 너무 많이 도와주셨어요."

"그래. 벨라야. 내가 좀 잘하긴 했지?"

"네? 그럼요. 왕자님이 정말 잘해 주셨죠."

"하하. 농담이다. 마침 연락이 되었으니 소식 하나 알려주마. 모험가 인디오나 존스 아저씨 기억하지?"

"그럼요. 당연하죠."

"얼마 전에 존스 아저씨가 어둠의 숲에 있는 루이스 호수 근처에서 블랙스완 부족 사람들을 만났다고 하더구나. 지금은 어둠의 숲이 안정되었으니 한번 찾아가 보는 것도 좋을 것 같구나."

"우와. 정말이요. 당장 찾아가 봐야겠어요."

"그래, 루이스 호수는 어둠의 숲에서 가장 큰 호수이니 찾기는 쉬울 거다. 혹시 모르니 아부부를 보내 주겠다. 함께 가 보거라."

벨라는 가방에 짐을 넣었어. 지난번에 모험하면서 오토 왕자가 준비한 물품들 덕분에 도움을 받았잖아. 그래서 더 철저하게 준비를 했지.

버섯 집을 나서니 마법 양탄자 아부부가 기다리고 있었어.

"벨라 님. 기다리고 있었습니다. 쿄쿄쿄."

"웅, 아부부, 어서 가자. 루이스 호수로."

"넵!"

아부부는 어둠의 숲 근처까지 날아갔어. 그런데 갑자기 좌우로 기우뚱하지 뭐야.

"무슨 일이야? 아부부."

"이 근처의 마력의 흐름이 이상합니다. 쿄쿄쿄. 지난번 폭포에서 그랬던 것처럼 말이죠. 쿄쿄쿄. 그래도 그때 경험이 있어서 저쪽에 착륙은 할 수 있을 것 같습니다."

아부부는 대마법사 멀린을 구할 때, 갑자기 마법의 힘이 사라져 폭포에서 떨어졌던 경험을 기억하고 있었어. 그래서 마법의 힘이 사라지기 전에 숲 한가운데로 착륙했지.

역시 경험했던 일들은 언젠가 도움이 되는 것 같아.

"왕자님이 알려 주신 루이스 호수는 저쪽 방향입니다요. 쿄쿄쿄."

아부부가 가리키는 방향을 보니 산꼭대기였어. 벨라는 거침없이 산으로 올라갔지. 예전에 경비병 랄프 아저씨와 함께 등산했던 경험과 체력이 남아 있었거든.

산꼭대기에 올라가 보니 앞에는 두 개의 절벽이 둘러싸여 있고 가운데 커다란 호수가 있었어. 절벽 사이에서 흘러나오는 햇빛이 호숫가에 비치는데 마치 요정이 튀어나올 것 같았어. 벨라는 호숫가로 다가가서 물을 쳐다보면서 만져 봤지.

"우와. 정말 파랗구나. 어떻게 이렇게 예쁠 수가 있지."
"서라. 누구냐!"

갑자기 호숫가 옆의 커다란 나무에서 두 명의 사람이 뛰어 내리더니 벨라에게 창을 겨누었어. 벨라는 깜짝 놀라서 정령의 힘에 집중했어. 그러자 슈리엘이 나와서 두 사람의 창을 날려 버렸지 뭐야.

"앗, 이, 이건 정령의 힘? 너는 누구냐?"
"저는 벨라라고 합니다. 루나 스완과 솔 스완의 딸. 벨라 스완입니다."
"루나와 솔 님의 딸이라고? 오. 네, 네가 벨라라고? 정말인 건가? 그럼 어디 증거를 보여 주겠니?"

벨라는 목걸이의 펜던트에 정령의 힘을 보냈어. 그러자 펜던트에서 커다란 검은 백조가 스멀스멀 나왔지. 검은 백조는 큰 소리로 울면서 호수를 날아다녔어.

그 소리에 루이스 호수에 사는 블랙스완 부족 사람들이 모두 몰려나왔지.

"앗, 저건. 루나 님의 블랙스완이잖아."
"루나 님이 돌아오신 건가? 모두 가 보자고."

블랙스완 부족의 살아남은 사람들은 루이스 호숫가에 있는 벨라에게로 몰려갔어. 그리고 벨라를 신기하게 쳐다보며 쭉 둘러쌌지. 그때였어. 벨라의 몸이 환한 빛으로 둘러싸였어. 그리고 벨라의 등 뒤에서 커다란 정령이 나타났지. 바로 바람의 정령왕 실피드였어.

"다들, 잘 있었느냐?"
"오오⋯. 실피드 님이시다."
"정말. 실피드 님이 맞으시다. 흑흑."

사람들은 실피드를 보면서 한쪽 무릎을 꿇었어. 몇몇 사람은 감격의 눈물을 보였지. 블랙스완 부족은 벨라의 엄마, 아빠 그리고 정령왕과 함께했었는데, 괴물들과의 전쟁 이후에 오랫동안 바람의 정령왕을 만날 수 없었기 때문이야.

"이 아이는 루나 스완과 솔 스완의 딸이 맞단다. 그동안 다양한 경험과 노력으로 나와 연결이 될 수 있었으니, 너희들이 앞으로 벨라를 많이 도와주었으면 한다."

"네! 바람의 정령왕 실피드 님!"

실피드는 '후아아악' 하는 소리와 함께 사라졌어. 벨라는 감았던 눈을 떴어. 그리고 사람들을 쳐다봤지. 블랙스완의 살아남은 사람들은 모두 눈물을 글썽이며 따뜻하게 벨라를 바라봤어.

"벨라야. 고생이 많았겠구나."

"블랙스완 부족으로 돌아온 것을 환영한다."

벨라는 사람들과 함께 루이스 호숫가에 있는 마을로 들어갔어. 이제 벨라는 정령들 말고도 가족이 생긴 거야. 그동안에 벨라가 했던 모험, 운동, 연습 등이 블랙스완의 사람들을 만나고 증명하는 데 큰 도움이 되었네. 지금 하는 경험들이 바로 도움이 되지 않을 수 있지만, 언젠가는 도움이 되는 것 같아. 그러니 지금 하는 일을 더욱 열심히 해야겠지?

To be continued.

: 필요 없는 경험이 있을까?

: 아니. 음. 필요 없는 경험이 하나 있기는 해. 지난번에 가습기를 발로 차서 물 쏟은 거.

: 아빠는 필요 없는 경험이 아니라고 생각해.

: 교훈이라서?

: 그렇지. 실수를 하고 실수를 다음에 하지 않기 위해서 노력하면 그것이 다 힘이 되는 거야.

: 경험은 적당히 필요해. 너무 많이 하면 지겨울 수 있거든.

: **최근에 도움이 된 경험이 무엇이 있을까?**

: 내가 접시를 깨트린 거.

: 어떤 경험이 되었는데.

: 다음에 조심해야겠다? 이런 경험?

: 다음부터 조심하고. 엄마, 아빠의 소중함을 잊어버리지 않아야 해.

: 갑자기 소중함을 느꼈어?

: 응.

: **벨라는 블랙스완 부족을 만났을 때 어떤 기분이었을까?**

: 이제 드디어 가족이 생기는구나 하는 기분.

: 가족이 생기면 어떤 기분이 드는 건데?

: 행복한 기분. 왜냐면 없었던 가족이 생겼으니까.

: 벨라는 가족을 갖고 싶었잖아.

: 가족이 그리웠고.

: 블랙스완 부족 대장이 벨라 엄마였으니까 벨라를 부러워했을 것 같아. 그래서 벨라는 기분이 좋았을 것 같아.

: **허튼짓(뻘짓)이 무엇일까?**

: 안 해도 되는데 하는 일.

: 해야 하는데 안 하는 거.

: 하는 일인 줄 알고 했는데 안 해도 되는 일인 거.

: 오. 정말 잘 알고 있는걸.

: **존스 아저씨는 블랙스완 부족이 그곳이 있다는 것을 어떻게 알았을까? 괴물들이 득실거리는데.**

: 왠지 실력으로 알았을 것 같아. 존스 아저씨는 모험가잖아.

: 괴물을 몰래 피해서 가다가 만나지 않았을까?

: 나는 괴물들을 다 죽이면서 갔을 것 같아.

6.

협동,
마음을 따뜻하게 해 주는 힘

4차 산업 혁명의 핵심 단어 중 하나가 융합입니다. 융합의 기반은 협동이고, 협동하기 위해서는 함께하려는 마음이 필요합니다. 과거 저의 경험에서는 훌륭한 한 명만 있어도 조직이 재미있게 잘 운영되었습니다. 하지만, 앞으로는 한 명의 능력으로 많은 것을 해결하기는 어렵다고 합니다. 융합의 시대이기 때문이죠. 다양한 능력의 사람들이 모여서 시너지를 내는 것입니다. 물론 방향을 정하는 리더는 있어야겠죠. 누가 잘하고 잘못한 것을 따지는 것이 아니라, 자기가 잘하는 것을 먼저 나서서 하는 것이 즐겁고 행복하다는 것을 아는 아이들이 되었으면 좋겠습니다.

벨라는 블랙스완 부족 사람들에게 지금까지의 이야기를 해 주었어. 혼자 살아온 일부터 오토 왕자와 대마법사 멀린을 만난 일, 그리고 엘프 엘리와 정령들을 만난 일까지 말이야. 당연히 최근에 드라실 숲을 왕에게 받았다는 이야기까지 했지.

"벨라야, 정말 고생이 많았구나."

나이가 지긋한 할머니가 벨라를 보면서 이야기했어. 할머니 눈에는 살짝 눈물이 고여 있었지. 할머니의 이름은 가이아였어. 아주 오래전부터 블랙스완 부족을 보살피던 분이셨지. 아무도 할머니의 나이를 잘 몰라.

벨라가 이야기했어.

"할머니, 그래서 말인데요. 블랙스완 부족 사람들이 제가 살게 된 드라실 숲으로 이사 가면 안 될까요?"

"호호. 그거, 참 좋은 생각이구나. 마침 우리도 여기를 떠나려고 했거든."

"네?"

벨라는 깜짝 놀랐어. 본인이 제안한 것에 바로 대답해 줄지 몰랐거든.

"네가, 먼저 이야기해 주지 않았니? 함께하기 위해서는 누군가가 먼저 움직이고 이야기해 줘야 한단다. 그럼 우리는 짐을 정리하기 위해서 움직여야겠다. 이틀이면 될 게다. 호호."

블랙스완 부족은 어둠의 숲에서 사는 게 힘들어서 원래 이사 준비를 하고 있었거든. 그래서 모든 부족 사람이 빠르게 이사 준비를 할 수 있었지. 벨라는 이틀 동안 마을 사람들과 이야기도

하브루타
질문 육아

하고 아이들과도 어울리면서 놀았어. 괴물과의 전쟁으로 많은 부족민이 죽고 지금은 약 300명 정도만 남아 있었지.

이틀이 지나자 모든 사람이 짐을 짊어지고 루이스 호숫가로 모여들었어.

가이아 할머니가 이야기했어.

"모두 알겠지만, 이 아이는 루나와 솔 스완의 딸인 벨라 스완입니다. 여러분이 알다시피 벨라의 부모님은 우리 부족을 위해서 목숨을 바쳤습니다. 루나 님과 솔 님이 우리를 보살펴 주었듯이 우리도 벨라를 보살피면서 함께할 것입니다. 벨라는 우리의 가족이니까요. 지금부터 우리는 이 아이를 따라서 드라실 숲으로 이동하겠습니다. 모두 준비는 되었지요?"

"네!"

가이아 할머니가 이야기하자 모두 큰소리로 대답했지. 그런데 벨라는 궁금했어. 드라실 숲은 멀어서 걸어가려면 한참이 걸렸거든.

"할머니, 그런데 우리 걸어가는 건가요? 짐이 이렇게 많은데요."
"호호, 걱정하지 말아라. 우리에게 방법이 있단다. 너는 바람의 정령과 친하지만, 블랙스완 부족은 대대로 물의 정령과 친하단다."
"우와, 정말이요? 저는 바람의 힘이 더 강하더라고요."

"나의 정령이시여, 나의 마음이여. 만물의 생명이 나에게 이어지니 그대가 나올지어다! 가이아와의 계약으로 부릅니다. 모습을 드러내소서."

가이아 할머니가 주문 같은 말을 하자 루이스 호수가 크게 요동을 쳤어. 호수의 가운데가 회오리치면서 하늘 끝까지 올라가더니 커다란 사람의 모습이 생겼어. 점차 모습이 다듬어지더니 투명한 물빛이 비치는 아름다운 여자가 되었지 뭐야.

"오랜만이군요. 가이아 님."
"엘퀴네스 님도 잘 지내셨지요. 호호."
"저야. 정령의 세계에서 편안하답니다. 너무 오랜만에 연락하셨네요. 무슨 일이신지요?"

가이아 할머니가 부른 정령은 바로 물의 정령왕 엘퀴네스였어. 블랙스완 부족은 정말 물의 정령과 친하나 봐.

"오랜만에 불러서 부탁하기 죄송하지만, 우리 부족이 드라실 숲으로 이동을 하게 되었습니다. 그래서 말인데, 드라실 숲에 있는 호수까지 우리를 옮겨 주실 수 있을까요? 호호."
"드라실 숲이라. 아, 세계수가 있는 숲 말이군요. 좋네요. 드라실 숲에는 푸른 물빛 호수가 있는데 그리로 가면 되겠네요. 그럼

하브루타
질문 육아

바로 이동하시겠습니까?"

"네. 그렇게 하지요. 호호."

엘퀴네스는 오른손을 호수로 향했어. 그러자 호수가 소용돌이
치면서 커다란 구멍이 생겼지. 엘퀴네스가 이야기했어.

"자, 모두 이리로 들어가세요."

모든 블랙스완 부족 사람이 짐을 짊어지고 구멍 안으로 뛰어들
었지. 300명 전부가 말이야. 마지막은 벨라의 차례였는데 벨라는
조금 두려웠어. 그러자 엘퀴네스가 벨라의 얼굴로 다가갔어.

"네가 루나의 딸이구나. 걱정하지 말아라. 나는 한때 너의 엄마
와 친구였단다. 아, 그래. 지난번에 네가 왕국을 불태워 먹었을
때 운디네들을 불러준 것도 나란다. 호호."

"앗, 그때 전 불이 어떻게 꺼졌는지 전혀 몰랐어요. 도와주셔서
감사합니다."

"그래그래. 이제 구멍으로 뛰어들겠니. 조금 있으면 이 연결 구
멍도 사라진단다."

"네."

벨라는 다정한 엘퀴네스의 말에 용기 내서 구멍으로 뛰어들었

어. 물론 아부부도 함께 들어갔지. 구멍에 들어가자 커다란 방울이 몸을 감싸 안았어. 마치 포근한 이불 속에 있는 것처럼 말이야. 방울은 물속에서 뱅글뱅글 돌더니 물 밖으로 튀어 나갔어. 그리더니 '팡' 하고 터졌어. 벨라는 깜짝 놀라 눈을 떴는데 푸른 물빛 호수 옆에 있는 땅이었지 뭐야. 먼저 도착한 부족 사람들이 벨라를 쳐다보고 있었어.

물의 정령왕 엘퀴네스가 마법의 물길을 통해서 사람들을 루이스 호수에서 푸른 물빛 호수로 옮겨 준 거야.

"자, 벨라야. 모두 무사히 드라실 숲에 도착했단다. 모두 너를 도울 준비가 되어 있단다. 너도 우리를 도울 준비가 되어 있니? 호호."

가이아 할머니가 다정하게 물어봐 주었어. 벨라는 생각했어. 혼자서는 드라실 숲에서 사람이 살 곳을 만들지 못할 거라고 말이야. 모두가 함께해 준다는 말에 가슴이 따뜻해졌어.

"네, 그럼요. 제가 생각해 놓은 곳이 있어요. 모두 저를 따라서 오세요."

벨라는 사람들을 이끌고 푸른 물빛 호수의 위쪽으로 올라갔어. 앞에는 작은 강물이 흘러 푸른 물빛 호수로 흘러가고, 뒤로는 울창한 숲이 펼쳐져 있었지. 작은 강과 숲 사이에는 커다란 공터가 있었어. 바로 괴물들과의 전쟁 후에 엘프들이 식물을 심고 사라진 곳이었지.

"그래, 여기가 좋구나. 앞에는 강과 뒤에는 숲, 그리고 사람들이 집을 편하게 지을 수 있는 넓은 공터. 자, 모두 시작합시다. 호호."

벨라가 먼저 드라실 숲에서 함께하자고 이야기했기에 블랙스완 부족 사람들과 함께할 수 있었어. 물론 가이아 할머니가 물의 정령왕 엘퀴네스를 불러서 이사를 빨리하기도 했지만 말이야. 블랙스완 부족 사람들과 벨라는 서로 도와 가며 마을을 만들었어. 천막을 치기도 하고, 버섯 집을 가지고 오기도 했지. 모두 협동하며 멋진 마을을 만들었어. 이제 벨라는 정령들 말고도 가족이 생겼네. 앞으로 벨라에게는 더욱 행복한 일들만 생길 것 같아.

To be continued.

🙂 : 어떻게 하면 협동을 잘할 수 있을까?

🙂 : 서로서로 모여서 의견을 내고, 의견에 맞게 움직이면 될 것 같아.

🙂 : 서로 의견이 다르면 어떻게 해?

🙂 : 서로 이쪽, 저쪽 이야기하면서 다른 사람의 이야기도 들어 보면 좋을 것 같아.

: 같이 움직여서 같이 집을 짓거나 마을을 만들면 큰 협동이 되지. 둘이서 다리를 묶고 달려가는 경기를 하면 협동이 될 것 같아.

: 협동은 뭘 도와주는 걸까? 기쁨을 키워주는 건가?

: 우리 다 같이 힘을 모아서 큰 것을 성공하는 것 같아.

: 신기한 걸 도와줘. 우리가 궁금했던 것을 다 풀어주는 게 협동이야.

: 협동의 힘은 얼마나 클까?

: 우리 아파트가 세 개 정도 있을 만큼 힘이야.

: 이 세상 전부를 덮을 만큼? 온 힘을 다하면 그러지 않을까?

: 딸이랑 아들 서로 협동할 수 있는 것은 뭐가 있을까?

: 엄마 생일 선물 사기. 박스 집 만들기. 엄마, 아빠에게 효도하기.

: 청소하기. 엄마 안아 주기.

: 아빠 발 닦아 주기.

: 그러게. 가끔 딸이 닦아 주면 기분은 좋더라고. 하하.

하브루타
질문 육아

7.

믿음,
우주의 기운이 내게로

한동안 『시크릿』이라는 책이 유행했지요. 그 당시 저는 마음이 힘들었나 봅니다. 비슷한 책 여러 권을 사서 한참을 읽은 기억이 납니다. 그 이후에 『왓칭』이나 『꿈꾸는 다락방』 같은 책들이 나왔더라고요. 대부분의 책에서 이야기하는 것은 우주의 힘입니다. 끌어당김의 힘이라고 이야기하지요. 책들을 읽고 나름의 해석을 해 보았습니다. 세상에는 흐름이 있고 그 흐름이 연결되어 있기에 큰 힘도 되고 우울함도 될 수 있습니다. 내가 어떤 힘을 끌어당길지는 오롯이 내 생각과 믿음에서 이루어집니다. 믿기만 하면 다 이루어지는 것은 아닙니다. 믿음이 이루어지도록 행동해야 합니다. 아이들이 자기 자신을 믿고 행동으로 옮긴다면, 분명 행복한 아이들로 자랄 것입니다.

"옛날, 우주에는 카오스라는 신이 있었단다. 그 신이 사는 곳은 땅과 바다와 하늘이 한데 뭉쳐져 있었지. 어느 날 답답함을 느낀 카오스는 하늘과 땅과 바다를 만들고 사라졌단다."

가이아 할머니와 벨라는 풀밭에 누워서 쏟아지는 별을 바라보고 있었어. 블랙스완 부족 사람들은 자연과 어울리게 마을을 만들고 스완빌이라고 이름을 지었어. 오토 왕자가 지원해 준 사신수 로봇이 숲 전체를 지켜 주고, 블랙스완 부족 사람들과 함께 드라실 숲을 지키니 숲은 평화로워졌지.

밤마다 벨라는 가이아 할머니와 하늘을 쳐다보며 많은 이야기를 했어. 엄마, 아빠 이야기부터 신과 별과 세계에 관한 이야기까지. 가이야 할머니는 지혜의 보고 같았지.

"할머니, 그럼 카오스 신은 사라진 건가요?"

"글쎄다. 신은 믿으면 있는 것이고 믿지 않으면 없는 것이란다. 가장 중요한 것은 믿음이란다."

"믿음이요? 신을 믿는 것을 말하나요?"

"사람마다 다르지만 신을 믿는 사람도 있고, 사람을 믿는 사람도 있고, 자기 자신을 믿는 사람도 있지. 할머니는 벨라 네가 지금까지 해 온 것처럼 너 자신을 믿었으면 좋겠구나. 세상에는 흐름이라는 것이 있단다."

"흐름이요? 물이 흘러가는 것 말인가요?"

"그렇지. 비슷하단다. 세상 곳곳에는 흐름이라는 것이 있단다. 물이 흘러가고 공기도 흘러간단다. 시간도 흘러가고 구름도 흘러가지. 하늘에 있는 별도 흐름이 있단다."

"우와, 별도 흘러가요?"

"그럼. 세상의 모든 것은 흘러간단다. 우리가 사는 이 세상도 흘러가고 우주도 흘러간단다. 그 흐름 속에는 기운이 있단다."

"기운이요? 힘 같은 건가요?"

"그래, 벨라는 이해를 잘하는구나."

"헤헤."

벨라와 할머니는 흐름과 기운에 대해서 계속 이야기를 했어.

"벨라 네가 너의 마음을 믿는다면 그 믿음의 힘이 흘러 흘러 우주까지 간단다. 우주에 닿은 힘은 우주를 여행하다가 우주만큼 커져서 다시 너에게 돌아오지."

"우와, 우주만큼 커진다면 엄청나게 큰 힘이 되었겠네요."

"그렇지. 우주만큼 커지면 엄청난 기운이 되겠지?"

"그럼요. 그런데 그렇게 큰 기운이 다시 오면 제가 힘들지 않을까요?"

"아, 그럴 수도 있겠구나. 그럼 벨라 네가 그 기운을 받을 만큼 커다래지면 되지 않을까?"

"마음의 힘을 키우라는 말인가요? 정령의 힘을 키웠던 것처럼요?"

"그렇지, 비슷하단다. 네가 하고 싶은 것을 할 수 있다고 너를 믿는다면, 그 믿음이 우주를 돌아서 커다란 힘이 되어 너에게 올 거다. 그때 그 힘을 받을 만큼 몸도, 마음도 튼튼하게 만들어 놓아야겠지?"

"할머니. 그러면요, 똑똑한 사람이 될 거라고 믿으면 머리가 단단해져야 하는 건가요?"

"하하, 그것도 비슷하구나. 머릿속 마을을 키우기 위해서 노력해야겠지? 책도 읽고, 사람들의 이야기도 듣고, 생각도 하고 말이야."

"오. 그런 방법도 있었군요."

벨라는 가이아 할머니와 이야기하는 것이 너무 좋았어. 벨라는 어렸을 때 부모님이 돌아가셔서 가족과 함께 이야기해 본 적이 없잖아. 그래서 이 시간이 더욱 소중했지.

"벨라야. 지금까지 너무 잘해 왔단다. 앞으로도 지금처럼만 하면 벨라는 하고 싶은 것을 다 할 수 있을 거야. 그리고 방금 했던 이야기를 항상 생각하거라. 믿음과 흐름 말이다. 네가 하고 싶은 것이 있다면 당연히 할 수 있다고 너 자신을 믿는 것부터 시작해야 한단다. 그 믿음은 흐름을 타고 우주로 나갈 거고, 믿음은 커다란 힘이 되어서 돌아올 거란다. 돌아오기 전에 너는 그 힘을 받을 준비를 해야겠지?"

"그럼요. 열심히 공부하거나, 운동하거나, 경험하거나 하면 되는 거죠?"

"그렇지. 그렇게 믿고 노력하면 어느 순간 커진 힘이 우주에서 너에게로 흘러 들어갈 거란다. 네가 마음의 힘을 믿어서 정령의 힘이 세진 것처럼 말이야."

"네, 할머니. 머릿속에 꼭꼭 새겨 넣을게요."
"호호, 그래그래. 우리 벨라 참 현명하구나."

벨라는 블랙스완 부족 사람들과 어울리는 것이 너무 좋았어. 점심 먹고 드라실 숲에서 아이들과 노는 것도 즐거웠지. 저녁에 가이아 할머니와 함께하는 것은 마음을 항상 따뜻하게 해 주었어. 벨라는 너무나 행복했지.

너무 행복하다 보니 벨라는 갑자기 겁이 났어.

'내가 너무 행복한 거 아닌가? 이렇게 살아도 되는 건가? 예전에는 거지같이 불쌍한 아이였는데.'

그러다가 가이아 할머니와 이야기한 것이 생각났어. 믿음과 흐름 말이야.

'아, 그래. 할머니는 내가 행복하다고 믿으면 행복해진다고 했어. 그래, 나는 행복한 게 맞으니까 앞으로도 행복할 거야. 그런데 그 행복이 우주로 가서 엄청나게 커져서 다시 오면 어떡하지? 그럼 그 행복을 받을 힘을 키워야겠네. 음, 무엇을 키워야 하지?'

그때 벨라는 엘리랑 했던 이야기가 생각났어. 엘리가 벨라에게 꿈이 있냐고 물어봤잖아.

'아, 그래. 나는 또 꿈을 꾸고 꿈을 이루어 가면 더욱 행복할 것 같아. 꿈을 꾸고 이룰 거라고 믿고, 꿈을 위해서 노력하면 우주에 있던 힘이 돌아와도 내가 가질 수 있지 않을까?'

벨라는 스완빌 마을이 만들어지기까지의 과정을 생각해 봤어. 오토 왕자를 만나고, 괴물 거미 타란도 만나고, 마법의 양탄자 아부부, 엘프 엘리, 대마법사 멀린, 모험가 인디오나 존스 아저씨도 만났지. 그러면서 꿈도 꾸고 노력도 하고 행복해진 거야.

앞으로 벨라는 어떻게 할까? 아마도 지금처럼 꿈을 꾸고 노력하면서 재미난 일을 하지 않을까? 계속해서 행복하게 살아갈 거야. 분명히.

그런데 괴물 거미 타란은 어떻게 되었는지 아니? 타란은 세계수 나무 옆에 거미줄을 펼쳐놓고 편하게 낮잠을 자고 있어. 벌레가 잡히냐고? 가끔 나비가 날아와서 잡히는데 먹으려고 하면 세계수 나뭇가지가 달콤한 과일을 짜 주는 거야. 과일 주스를 먹고 또 낮잠을 자지. 세계수 나뭇가지는 타란 몰래 나비를 풀어 주고 말이야. 건강한 돼지 거미가 되어 가고 있어. 타란은 매번 잠꼬대하면서 잠을 자.

"키이잉."

The End.

하브루타
질문 육아

: 타란이 나비를 못 먹으면 기분이 어떨까?

: 좋기도 하고 나쁘기도 할 것 같아. 왜냐하면, 나쁜 점은 세계수 나무가 자꾸 나비를 살려 주는 거고. 좋은 것은 과일을 짜 주니까.

: 너희들은 무엇을 가장 믿어?

: 아빠랑 엄마. 아빠랑 엄마는 진실만 말하잖아.

: 아빠, 엄마. 왜냐면 누나는 날 때리기만 해.

: 친구한테 뭘 믿냐고 물었더니 핸드폰만 믿는다고 했어. 핸드폰이 정확한가 봐. 히히.

: 이야기를 듣고 나니까 기분이 어때.

: 난 좀 안 좋아. 오토와 벨라 이야기가 끝나는구나 해서.

: 좋아. 질문을 안 해도 되잖아. 좀 힘들었거든.

: 벨라는 어떻게 살아갔을까?

: 기쁘게?

: 나는 모두와 함께 행복하게 살았을 것 같아. 가끔 고민도 좀 하면서.

: 우주의 힘을 받아서 엄청나게 커지지 않았을까?

: 그건 옛날 동화 속 이야기고. 크크크.

epilogue

책을 마무리하다

아이들과 매일 이야기를 만들면서 놀았습니다. 놀았던 내용을 책으로 쓰는 것이기에 책을 완성하는 데 시간이 얼마 안 걸릴 줄 알았습니다. 그런데 역시 책은 책이더군요. 생각보다 시간이 오래 걸렸습니다. 100% 만족하지는 못하지만, 끝까지 책이 마무리되니 그래도 홀가분합니다.

책 쓰는 와중에 코로나19 사태가 발생했습니다. 사상 초유로 개학이 연기가 되면서 집에서 아이들과 책 읽는 것이 더욱 중요해졌네요. 집에서 공부하는 중에 책을 읽고 문장을 이해하는 능력만 키운다면 학교에 가서도 적응하는 데 문제가 없다고 생각합니다. 모든 공부는 문제를 읽고 이해하는 것부터 시작하니까 말입니다.

아쉬움이 남다

처음 계획은 더 많은 이야기를 하고 싶었습니다. 그러나 책이 구성되어야 하고 시간이 늘어지기에 28개 이야기로 마무리했습

하브루타
질문 육아

니다. 더 많은 이야기는 오토와 벨라를 주인공으로 아빠, 엄마가 해 주면 좋을 것 같네요.

아이들과 질문 놀이를 해 보니 엉뚱한 질문이 많았습니다. 일부는 책에 담기도 했지만, 일부는 지워버리기도 했죠. 작가로서 갈등한 겁니다. '좀 더 멋진 질문을 독자에게 전달하고 싶은데.'라는 생각과 '아이들의 황당한 생각을 남기고 싶기도 한데.' 하고 말이죠. 지금 생각하면 조금 아쉽습니다. 말도 안 되는 질문을 독자들에게 더 많이 보여 주는 것이 당연할 텐데, 괜히 중도로 빠졌나 하고 말입니다.

작가의 아쉬움을 독자들이 채워 주셨으면 하는 바람이 큽니다.

부모와 아이가 자라다

저도 처음에 질문할 때는 무게를 잡았습니다. '아이들에게 지혜를 전달해 주고 싶어!' 하고 말이죠. 지혜는 아이들이 자라면서 다양한 경험으로 얻는 것인데도 욕심이 많았던 것 같습니다. 28가지 이야기를 하고 나서 이제는 책을 읽으면서 아이들과 제목에 대해서도 질문하고, 주제에 대해서 이야기하고, 중간중간 궁금함에 관해서 토론하기도 합니다. 어깨의 무게가 내려가면서 저의 질문 능력이 향상되더군요.

아이들도 이제는 이야기하면서 질문하고 대답하는 것을 당연시합니다. 질문하지 않으면 다음 편을 읽어 주지 않는 전략도 한몫하지 않았나 싶습니다. 아이들 질문의 내용을 자세히 보면 조금씩 내용에 집중하고 논리가 있는 질문과 답변이 보입니다. 아이가 자란다는 것이 이런 느낌 아닐까 싶네요.

또다시 질문 놀이를 시작하다

오토와 벨라의 이야기는 끝났지만, 여기서 끝난다면 용두사미겠죠? 저는 딸아이가 좋아하는 추리 소설로 질문 놀이를 다시 시작했습니다. 글밥이 더욱 많아서 숨이 차기는 하지만, 아이들의 머릿속 마을이 더욱 건강하게 자라기를 바라기에 오늘도 노력 중입니다.

이야기하다가 딸아이는 이야기를 그림으로 그리기도 하고, 아들은 잠이 들기도 했습니다. 잠이 들어서 다음날 이야기를 다시 해 주기도 하고, 그림을 그린다고 이야기에 집중하지 못하기도 하죠. 이야기해 주는 아빠 입장에서는 웃프기도 하고 뿌듯하기도 합니다. 이런 것이 아이들과 함께하는 것이 아닌가 합니다. 그 모든 행동을 다 쳐다봐 줘야 하는 것이죠.

　우리 아이들뿐만 아니라 이 책을 함께한 아이들이 하브루타 질문 놀이를 하면서 책과 친해지면 좋겠습니다. 그리고 질문 놀이를 통해 생각하고 질문하는 습관이 생긴다면 작가로서 너무나 행복할 것 같네요.

　아이들이 '사는 대로 생각하는 것이 아니라, 생각하는 대로 사는 모습'을 그려 보며 오늘도 아빠는 책을 읽어 줍니다. 아이들의 행복한 미래를 그리면서 말이죠.